○ 宿白老师专程到乌鲁木齐，认真检视、分析精绝王陵出土文物，与王炳华讨论中。王炳华身后为王亚蓉研究员

○ 2000年12月，笔者终于找到了已在人们视野中消失近70年的小河墓地。由此，揭开了小河考古新页

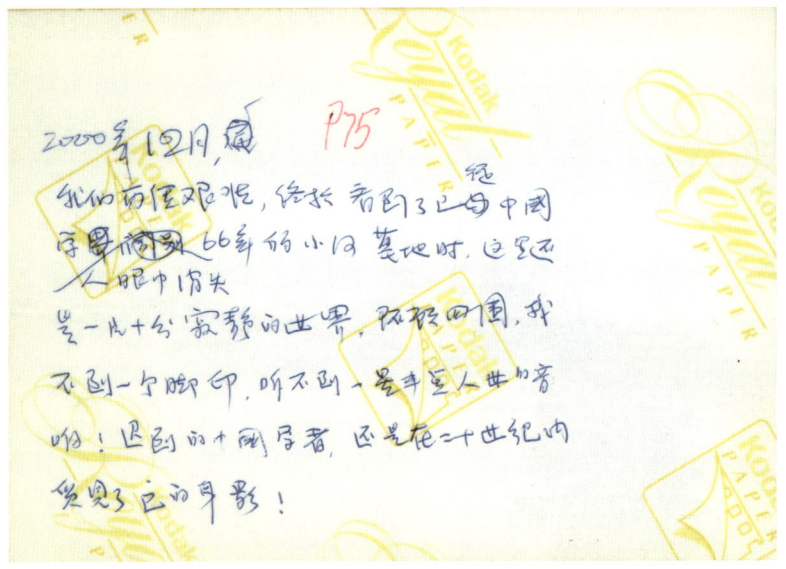

○ 2000年12月，我们历经艰难，终于看到了已从中国学人眼中消失66年的小河墓地时，这里还是一片十分寂静的世界，环顾四周，找不到一个脚印，听不到一星半点人世的音响！迟到的中国学者，还是在20世纪内觅见了它的身影

○ 笔者在尼雅遗址考古现场

○ 笔者在西域长史府故址
西域长史府故址，李柏文书出土于这一遗址

○ 孔雀河谷，汉墓多见，但大多没有逃脱现代盗墓贼的破坏

○ 2000年12月，觅求小河墓地考察中，发现木雕人像一躯，保留文物在原地，带走的只是照片

穿越千年的启示

初版时的《悬念楼兰-精绝》，这次经过修订，重新出版，书名改为《楼兰尼雅》。这片处于荒漠的交通闭塞之地，保留着太多历史文化遗存，是中国人民绝难忘却的土地。

120多年前，瑞典学者斯文·赫定首进楼兰，在他粗粗掘取、携归斯德哥尔摩的一百多件汉文简牍文书中，一片残纸上有"绝域之地，远旷无岩"几个浓墨大字，书迹入目，难禁联翩浮想。

从其所出纪年文字及书体风格可以判定：墨书，为晋人遗留。沁透字外的，是晋王朝在西域活动过程中局促一隅、无大作为的保守心态。但值得提醒的是：在同样的土地上，同样寒苦的环境中，在西汉前期，曾经开启过一页惊天动地、令山河变色的伟大华章。它是华夏子民绝不该忘怀的历史伟业。当年，曾经牵动过东亚大地上敏感神经的楼兰、鄯善、精绝等绿洲故国，看似已经消失无痕，其实，在这片旷远、似乎已少见生命气息的荒漠上，至今仍可觅见无法尽说的与这段历史紧密关联的遗迹、遗物，这是楼兰、精绝的价值所在，今日重谈，仍可发人深省。

我们可以截取自公元前200年至公元前60年的一段岁月为时间轴，以这一个多世纪的时间轴观察，在东亚大地上曾转动腾跃过的历史风云，它在罗布淖尔①大地、昆仑山北麓曾投射过让人不能忘怀的光影，至今仍让人无法平静。

在以刀剑、弓矢等冷兵器为战争工具的时代，游牧民族的骑兵一旦行动，如电闪、似潮涌，真不是以农民为主体的步兵可以抗衡的！就是在如此广袤的东亚舞台上，出现了前所未见的新景象。旷世卓绝的冒顿单于成了匈奴具有绝对权威的英主。汉高祖刘邦承一统华夏之余威，不知冒顿之能，北战匈奴。两雄相遇，刘邦败阵，三十万大军被匈奴铁骑合围在了平城（今山西大同东北），差一点就成了冒顿的阶下囚。

面对无力抗衡的强敌，西汉王朝和亲之策应时而生。虽然，在似乎还可以看得过去的姻亲幕布下，实际要向匈奴"奉金千斤"（《汉书·韩安国传》），另外，须"岁奉匈奴絮、缯、酒、米、食物各有数"（《史记·匈奴列传》）。说得难听些，是货真价实的贡纳。矛盾，自然不会因这一不时而行的"岁奉"而消失。平城之围后的西汉王朝与强邻匈奴之间，在长达一个多世纪的对峙、角力、

----

① 罗布淖尔：即罗布泊，蒙古语的音译，意为"汇入多水之湖"。在新疆维吾尔自治区塔里木盆地东部、若羌县东北部。——编注

拼搏中，难以数计的大大小小的矛盾冲突与和亲交相上演。虽也有彼此需要、未稍停息的边境关市和民间的物资交流，甚至血亲交融，但不时就会面临的和亲"岁奉"，既是黄淮平原的广大农民无法不承受的实实在在的重负，也是统治阶级内心难以消抹的屈辱之伤。

有一个颇可说明问题的实例：在冒顿单于四向侵扩、所向皆捷的气势下，河西走廊、东部天山、西域大地先后在匈奴的军威之下被攻占。公元前176年，借此不可一世之威，冒顿单于送了汉文帝一纸照会性质的信函，宣称："以天之福，吏卒良，马强力，以夷灭月氏，尽斩杀降下之。定楼兰、乌孙、呼揭及其旁二十六国，皆以为匈奴，诸引弓之民，并为一家。"（《史记·匈奴列传》）潜台词是：东南阻于海，北接匈奴，西汉王朝拓展自己生存空间、可向外发展的西行一途，也已被匈奴封堵了，西汉王朝将何以处？汉文帝刘恒听懂了冒顿的"函"外之音，军事对抗乏力，只能再与单于"俱弃细过"，"结兄弟之义，以全天下元元之民"（《汉书·文帝纪》），于是再行和亲。

冒顿宣称西域大地已悉入其控制，那一纸信函是特别挑明的威胁！西汉王朝进一步认识到的深层信息却还有："西域诸国，各有君长，兵众分弱，无所统一，虽属匈奴，不相亲附。匈奴能得其马畜旃罽，而不能统率与之进退。"（《汉书·西域传》）认识深浅，判然有别。因之，西汉王朝的策略就有：面对强弱不同、与匈奴关系深浅也有别的绿洲王国，要区别对待。"可安辑，安辑之；可击，击之。"（《汉书·西域传》）西汉王朝较匈奴政治哲学层面高出了一筹。步入西域历史舞台后的实践，也遵循着这一指导思想，因为它符合实际发展需要，所以也行之有效。

冒顿占领西域，是匈奴帝国势力发展的顶峰。随着冒顿逝世，强有力的集权中心倾倒，庞大的匈奴帝国内部矛盾屡屡凸显；而西汉王朝，在文景统治的数十年中，则不断打击割据、强化政治统一、发展经济、增强武力。公元前140年，刘彻登上西汉王朝的帝位，面对严峻的政治形势，一是仍然接受被匈奴凌辱、榨取的现状，以和亲求得苟安；二是择机反击，危中求安，争取建设全新的西汉大业。

刘彻及其决策层的高明不凡之处是看到也把握住了重重危难背后存在的一线生机，尤其是普通子民渴求摆脱苦难、人心可用的社会要求，决定改弦更张，择机反击。一个新的时代终于揭开了帷幕。

公元前138年，奉刘彻之命，张骞率团西行，要找到新败西走的月氏，以期联手共战，反制匈奴。这是太明显的战略反击信号。匈奴单于抓到了张骞，但完全没弄清楚张骞西行背后的战略意图，可能还陶醉在成就空前的军事霸业中。

这是极其重大的战略失误，它自然也导致了匈奴游牧帝国最后走向了败亡。

从公元前133年（元光二年）西汉王朝精心布局的马邑围歼战，至公元前60年，大半个世纪，几代人的牺牲、奉献，西汉王朝终于在决定性地战胜匈奴后，在西域大地设置了"西域都护"，汉王朝政令可以"颁西域"。无力再崛起的匈奴残部一步步西行远走，在西亚、东欧大地另觅前途。这一关系亚欧历史文明进程的汉匈大战，在历史文献中只是简单带过，留下的只有不多的笔墨。但在今天的罗布淖尔荒原上，在塔克拉玛干南缘的沙漠废墟中，却并未被完全淹没。我们在沉积的沙土下，还可捕捉到相当多与此存在密切关联的历史鳞爪，可以清晰感受到仍然存在的历史信息：曾反复、全力佐助匈奴阻抗汉王朝西行大业的楼兰王安归的头颅，在丝路上被示众；地居楼兰腹地的土垠，摇身一变成为西汉王朝的居卢訾仓，水陆运输、仓储、驿舍齐备，是东行西走、南下北上的使臣和商贾们的居停休息处；鄯善王国境内的伊循，成为地位重要的农业生产中心，有序布列的灌溉渠系，隐没在其背后的屯田、灌溉、犁耕，汉族健儿曾经带给古楼兰、丝路古道上的行脚客们无法估量的温暖、安全，若可触摸；在"安辑"大旗下，隐没在尼雅沙漠绿洲上的精绝王国，也一跃而成为丝路古道上的明星城邦，其经济文化展现出空前繁荣的景象。曾经只能偏处亚洲东南的华夏文明，终于得以与南亚、西亚、地中海周围、南西伯利亚诸多古老文明握手交流，亚洲文明史翻到了全新的一页。

从较长远的历史进程观察，去今约2200年的汉匈之战，获取胜利的不只是西汉王朝、华夏文明，它还为亚欧旧大陆文明发展史翻开了全新的篇章！因此，亚欧古文明才得以步入一个全新的时期。

历史风物必须放眼观量，才能探索到它深一层的文化哲学精神。

在公元前200年开始的这一页，在汉匈角力图卷中，汉民族面对严酷的生存危机、异族侵凌，究竟是临危而进、破危求兴，还是一直隐忍退让、求苟安于一时，最后无止境地沉沦、遭受屈辱？历史，在这一发展历程中蕴含了无穷无尽、可供吸收的文化营养。

在古老的华夏民族终于屹立于地球、得以自主存续、发展繁荣的历史过程中，在她曾经历过的诸多丛林大战中，汉匈之战，是初战，是首章。它在华夏民族生成、发展的历史中具有的重要价值，是怎么估量都不算过分的！从这一角度说，刘彻，汉武大帝，在中华民族的历史殿堂上实在具有不可轻估的地位。

在楼兰与精绝这片沙尘漫布、雅丹丛列的荒漠中，确实还可以遇见、感受到这一历史进程中失落的文明碎片，它们值得我们放慢已经习惯了的快行步伐，认真审视、思考、吸收其中无可取代的特定的历史精神。

再版这本小书，我应该如实说：抓住这个命题不放手的，是这本书初版的责编。有时，在一切以物质利益为中心转圈的现实生活中，先考虑选题的思想、文化价值，再想安身立命不能离开的经济效益，真还是需要一点不俗的精神，这大概就是出版人的襟怀了。

另外，为此书的再版，我还做了两件事：

其一，在当年完成书稿的前后，为了能让自己更深地理解两千多年前厚重的历史烟云，我不仅多次走过这片土地，也做过一点相关的研究，发表过十多篇相关论文，一部分在大陆刊布过，也有少部分在台湾刊布。为助读者对本书所涉历史事件有深一步的了解，不揣谫陋，将这些年刊布过的相关专题研究论文目录，附列在了书后，希望为有进一步研究意愿的友人多开几扇窗户。

其二，1994年初，获瑞典斯文·赫定基金会邀请，我曾访学瑞典，其间自然少不了努力搜求当年斯文·赫定进入楼兰时收获的资料。感谢基金会友人真诚协助，还真找到了刊布于1920年的《斯文·赫定获自楼兰的汉文书》这部大著。相关资料、图版，国内不易获见，这次本书再版，我尽量使用了其中部分图片资料，以期增进读者对古楼兰遗址的了解。

时光流逝，弹指一挥。《悬念楼兰–精绝》问世后，又过去了10年，浙江文艺出版社的友人告诉我，经过时代的涤荡，这本小书还有价值，决定再版。我想，其中很大一个原因，可能与它是植根在楼兰大地上，与考古学者步步行脚、认真追求存在关联的，所以有了久长的生命力，我们也确实可以借此感受到先祖筚路蓝缕、开拓建设这片土地时曾经做出的贡献、牺牲，这是难以忘却也绝不该忘却的。我想在此补一笔："说新疆，绝不应当忘却楼兰尼雅。"楼兰尼雅，曾是这片富含历史教益的土地上，最具文化思想的一页，不可忘怀！

王炳华

2021年10月29日草成于青浦朱家角玲珑坊

2023年春节期间，校、改、定稿于

上海青浦澳朵花园13号楼203室

浙江文艺出版社在20世纪末、21世纪初策划过《古代文明探索之旅》丛书，"楼兰""尼雅"当年是人们耳熟能详、老幼咸知的概念，主事者好意，约我写这么一本有关楼兰、尼雅的书。我也感到它是一个好想法，乐意去做这件事，但交出的却是《沧桑楼兰——罗布淖尔考古大发现》《精绝春秋——尼雅考古大发现》。之所以如此，主要是考虑汉代楼兰、精绝这两个塔里木盆地南缘的绿洲王国，历史命运、考古历程虽多有相通之处，毕竟是两个王国，有各自的特点，用两本小书去写，主题比较单纯，行文也方便，读者也便于各取所好。书出版面世后，反响还不错。《沧桑楼兰》初版很快卖缺，印了第2版，再晚些，还在日本出版了译本。一些比较严肃的历史研究学者跟我说，将人们敬而远之、难以涉猎的考古资料，用可读性如此强的形式，面向广大读者进行介绍，确是有积极意义、值得一做的工作。

《沧桑楼兰》《精绝春秋》现在已经不容易找到了。但偶尔还有友人问询，在哪里能找到它们，望我帮助。看来，在认识古代新疆历史、西域文明发展进程方面，它们还多少有一点用处。因而，有友人建议以大家熟悉的《悬念楼兰-精绝》为题，将两本书合为一本，再版一次。用心良苦，我自然是同意的，于是将两本小书并在了一起，分为上、下篇，删去了一些文字。从历史上看，罗布淖尔荒原上的楼兰、尼雅绿洲上的精绝，西汉时是同属西汉王朝、地域相近的两个王国，到东汉时，则已在同一个"鄯善王国"的大旗之下。它们的历史发展多有共同之处，而它们的历史文明被揭示，又有相同的历程，这就是一个世纪以来的西域考古，尤其是20世纪80年代以来不断进展的楼兰、尼雅调查与发掘。因着这一持续多年的考古发掘，楼兰、尼雅才成为世人关注的焦点，成了人们希望进一步认识的所在。它们在一起，内容互补，相行不悖。于是当年的《沧桑楼兰》《精绝春秋》，成为今天的《悬念楼兰-精绝》。

当年，彼此并不熟悉的浙江出版界友人，约我完成楼兰、尼雅历史文明的写作，不知他们曾有怎样的考虑，没有听他们说过。而我敢于，也愿意接手这一件事，倒是认真想过的。一是我近半个世纪的新疆考古生涯中，在楼兰、尼雅曾倾注过很大的精力。自1979年发掘罗布淖尔荒原上孔雀河流域青铜时代遗址古墓沟，到2005年与冯其庸、荣新江、罗新、朱玉麒、孟宪实等师友一道重访楼兰、土垠，26年中，我曾近10次踯躅在楼兰大地上。不仅发掘过古墓沟，重新觅得小河，关注过伊循、土垠、LE古城，还走过由楼兰东入敦煌，西向焉耆、轮台，南及伊循、扜泥，这些难以穿越的沙漠盐渍、戈壁雅丹之路。我亲自抚摸过自楼兰西走直至库尔勒一线不下10处古代烽燧，坐在它们的断垣颓壁上，思考过它们的前世今生；在民丰县北大沙漠中，作为中方业务工作领队，曾多年主持、具体安排、直接参与过中日尼雅联合考古这一文化工程，重访过斯文·赫定、A.斯坦因当年调查、发掘过的所有遗址，检视过他们的相关报道、报告、研究成果。因此，认真写作这么两本小书，将100多年来中外考古学者在这两处遗址上所收、所获，做一个大致的整理、总结，我真是不仅有资格，而且是相当适合承担这一使命的人。考古，是国家、民族的事业，经济投入是不小的。我有幸在这段时间、这一事业中承担了关键性的责任，自然就有了将相关工作成果汇报给人民的义务。努力做好这件事，是应当的。

愿意认真做好这件事的第二个原因，是我个人对这类内容严肃、文字通俗的历史考古文化读物，持十分肯定的态度。考古工作有自身特点，面对不同的遗迹、遗物，大大小小，材质、形式各异，风格不同，科学报告不能没有甲乙丙丁、ABCD等分门别类，甚至是近于烦琐的描述，这是专业研究人员在分析、研究中不可稍予疏忽的资料。但一般读者大多会苦于面对这类琐细记录，又十分希望了解凝聚在这类细节之中的历史文化精神。考古工作者写作，比较实在，不虚夸渲染，不涉怪力乱神，笔下多是严肃地通过考古资料认识到的、既往的历史故实。将枯燥无味的枝节略去，将蕴含在相关遗存中的历史文化精神充分展开，介绍给大家，无疑是一件应该做，而且当力争做好的事。实际上，也只有考古工作者们才最适宜做、能做好。他们有过亲身的体验，有过呕心沥血的思考、多角度的比较分析，更有可能触摸到、感受到相关文物后面的历史文化灵魂。将它们奉献给无缘直接参与这一研究过程，却又对相关历史文化关心的同道们，不仅可以觅求知音，而且能拓展其社会效益，自然是值得的。以考古工作作为事业，追求的不就是这一点吗！

还有第三点，楼兰、尼雅，这绽放过古代文明的绿洲，早已成为沉落在沙漠深处的废墟，荒烟白草，不见人类生命的气息。它变化的轨迹容易搞清楚，但从繁荣到寂灭，从鲜活到衰亡，其背后的内在因素，却需要更深入的思考。人类社会生产力发展，改造、制约自然地理环境的能力提高，应该带给人类更美好、健康的生活，而不是任何倒退的历程。因而，从考古中就有可以吸取的教训。古代新疆从来就是一个种族多源、民族众多的地区。不同民族在同一地区共生、共处，彼此吸收、融合，这是历史进步、发展的过程。对我们也很有启示，可以从中取得教益。100多年前，楼兰、尼雅文物的流失，至今仍会不时激起大家的愤懑之情，中国各族人民平静生活的后院，英、法、沙俄、日本、德国、瑞典……的学者、军官，可以随意穿梭往来，新疆的大地山川、水文气象、各种文物……只要这些外来者愿意，无不可以随便拍照、测量、绘图，甚至将文物窃入囊中。但看斯坦因们的活动，尤其是1916年以前的活动，其实又是在当时各级官员的协助，形形色色的农民、猎户、古董商们的帮助下，才得以顺利完成的。今天无法想象的许多事情，确曾是当年的事实。我们在扼腕痛惜、激愤难平之时，自然也可以想想这些事实背后透露的严酷真相，吸取必要的历史教训。凡此等等，都是在翻阅过这本书后，值得回味、反思的东西。了解这些，可以帮助我们走向成熟。

100多年的风雨，只从楼兰、尼雅遗址考古命运的发展、变化看，真可谓是地覆天翻。通过楼兰、尼雅，我们不仅可以深切体会到中国人民当家做主人的艰难历程；而且可以真切地体验到，只有在中国人民自己手里，才能严格有序地按照科学规程，展开沙漠考古的事业，从中汲取有益的历史营养，为建设更美好的家园而奋斗。

为读者计，还可以多少说几句与这本书的写作有关的话。在本书中，引文较少、没有注疏，但史料均有所据，尤其是相关考古资料，除了吸纳100多年来中外学者在这片地区考察、发掘的收获，更多使用的是新疆考古工作者在这个地区数十年的工作成果。我曾是其中许多事件的参与者，曾经在其中亲力亲为，付出过汗水、苦辛。观点可以讨论，史实、考古资料是可以信从的。是为小引。

王炳华

2012年2月2日于中国人民大学静园

目录

上篇 楼兰

下篇　尼雅

上篇　楼兰

1 楼兰古城浮现沙海

斯文·赫定进入楼兰

楼兰古城的发现，出于一次偶然的沙暴；但这一偶然，又透显着一个重大的历史性的变化。在这一变化之中，楼兰古城迟早会呈现在现代科学考察大军的脚下。

1900年3月27日，瑞典地理学家、探险家斯文·赫定与随从维吾尔人向导奥尔德克及哥萨克保镖切尔诺夫等一行，自孔雀河下游斜向东南，进入了罗布沙漠，他的目的是穿过罗布荒漠进抵喀拉库顺湖，希望为他与俄国学者科兹洛夫的学术争论——罗布淖尔湖的真实位置，寻找到新的论据。

穿行在罗布淖尔荒原上的斯文·赫定一行，步履匆忙，内心不安。这不仅是因为3月下旬的罗布荒漠环境分外险恶，一年一度的东北季风，这时应该来临了。而这种黑风一朝刮起，沙飞石走，昏天黑地，人们会方向难辨、行动艰难。再加上进入3月份后，气候转暖，依靠寒冷为考察队的人、畜准备的冰块，也已开始融化。沙漠行动中，一旦没有了水，后果不堪设想。斯文·赫定自1899年12月底开始的这次考察，至此已经持续了3个多月，100多天的沙漠考察生活，人、畜的疲惫是不难想见的。但他还是不变初衷，继续着计划中的行程。

3月28日，斯文·赫定一行，为给干渴的骆驼找到可以饱饮一

○ 这是斯文·赫定120多年前在楼兰大地考察过程中留下的照片。骑着高头大马、傲视四周的斯文·赫定博士，在全副武装的哥萨克卫兵的簇拥下，行进在罗布淖尔荒原上。拍这张照片的摄影师希望传达当年瑞典学者在新疆大地如处无人之境的英雄形象，但今天的中国读者却从中读出当年国家贫弱，任列强侵凌、宰割、掠取一切文化资源的屈辱

顿的水，他们决定在偶然遇到的一处沙漠洼地的几丛红柳下挖一口井。活着的红柳，预示着地下水位不会太深，挖一口有望出水的井，可以为后面几天的沙漠行程增添新的力量。但临到开挖，才发现全队唯一的铁锹，竟被丢在了前一天的营地里。这可不是一件小事。在沙漠中找水时，一把铁锹可能就关系着全队的生存。奥尔德克受命立即返回营地寻找这把救命的铁锹。斯文·赫定等则在红柳丛旁，等他返回。

罗布淖尔地区的东北季风，真如鬼使神差，每年总会在3月底、4月份光临罗布淖尔荒原。就在奥尔德克走后两个小时，一场猛烈的大风如期而至。一时间天昏地暗、飞沙扑面。三四米外的景物立即隐没在了浓浓的、一阵紧似一阵的沙尘之中。一夜一天后，正当斯文·赫定为在大风中找寻铁锹的奥尔德克的命运担忧时，却突然发现奥尔德克一手牵马、一手拿铁锹站在了自己的面前。更令斯文·赫定兴奋的不仅是奥尔德克平安归来，而且还带来了一件相当精美、具有犍陀罗艺术风格的木雕。同样兴奋的奥尔德克不无得意地告诉斯文·赫定，他们分手不久后，大风骤起，他信马乱奔，在昏暗中前行，但还是准确无误地摸到第一天的营地，及时找到了铁锹。归途中，他寻求一个避风所在，却突然发现自己置身在一座大型土塔前，土塔四周地面散布着古钱、陶器和雕刻着美丽花纹的建筑木料。

○ 这是斯文·赫定于1934年为奥尔德克留下的素描

○ 1901 年，斯文·赫定在楼兰遗址中所获的具有犍陀罗风格的木雕建筑部件。犍陀罗是古地名，地理位置在今天喀布尔河下游，中心地区在巴基斯坦北部白沙瓦。犍陀罗艺术是希腊艺术、印度艺术与犍陀罗本地艺术的结合体，是具有本地特点的希腊化艺术

○ 斯文·赫定初进楼兰古城时，在西域长史府故址废墟见到木质柱础，雕花之建筑部件，无辐条、实木造就的木质单轮，这是当年西域长史巡行罗布淖尔大地时的座驾，曾威风八面

他取了一根木雕部件作为自己这一遭遇的证明。斯文·赫定看着这有鲜明希腊艺术遗痕的木雕，恨不得立即奔向奥尔德克新见到的遗址。（后来分析，奥尔德克这次进入的遗址，实际是楼兰城西北不远处的一座佛寺，并不是楼兰古城本身。）但只够维持两天的饮水，还是使他控制住了自己的感情，把对这片遗址的强烈悬念，留到了第二年的冬天。

罗布淖尔人奥尔德克特殊的方向感，确实不能不使人们惊叹！1901年3月3日，斯文·赫定在奥尔德克的引导下，如期实现了已在脑海里转来转去达1年的计划——把自己的考察营地驻扎在楼兰古城之中。在楼兰遗址内外，他的随从、工人们采集到了古代文书、钱币、漆器、丝毛织物及雕刻精美的木器。带回欧洲后，经过研究、分析，明确无误地告诉人们，这里应该就是公元初始时汉文史籍中屡见记录，但在公元4世纪后却突然销声匿迹、不知所终的楼兰古城。它煊赫一时，却又突然消失的历史，曾使一些学者把它形容为"梦幻之都"。现在，深藏在罗布淖尔荒漠中的这座古城，竟明确无误地呈现在了斯文·赫定的面前。

楼兰古城的发现，轰动了当年的欧洲。随即，震撼了世界。

历史事实如是展开，绝非偶然。斯文·赫定在罗布淖尔荒漠穿梭往来的公元1900年，正是中国人民苦难深重的岁月。就在这一年6月，八国联军攻陷了天津大沽口。7月，攻陷天津。8月，攻陷北京。慈禧太后挟光绪皇帝出逃西安。八国联军随即进入北京，四处烧杀淫掠。11月，李鸿章奉命与入侵者议和，清政府还得赔款、道歉！八国联军在北京城的掠夺与外国探险家在新疆大地上自由出入，这远隔万里的事件，实际说明着同样的历史：在半殖民地半封建社会中，在已经彻底腐朽了的清王朝统治下，无论政治、军事，还是经济、文化，中国都已没有完整的主权，楼兰古城文物任人掠取，只不过是这一大时代背景下的一桩小事。在这样一个时代背景下，它要避免被西方列强洗劫的命运，真是谈何容易！

这座地处边远的楼兰古城遗址，说实在话，当年的新疆地方政府也是关注到了的。陶保廉在《辛卯侍行记》中曾记述过一件事。1884年，也就是斯文·赫定进入楼兰之前16年，清政府在新疆设省。而设省后的首任巡抚刘锦棠、1889年继任的巡抚魏光涛，上任伊始，为强化新疆与河西走廊间的联系，很快就派人探察自河西走廊的敦煌通过罗布淖尔，进入塔里木盆地的路线。这中间曾先后承担这一探察使命的有副将军郝永刚、参将贺焕汀、都司刘清和，他们在相当原始的条件下"裹粮探路"，也都是"各有图记"。在北京故宫博物院档案馆收藏的清代地图中，有一幅《敦煌县西北至罗布淖尔南境之图》。历史地理学者黄盛璋先生分析，这幅地图，就是郝永刚等人在19世纪末叶绘制的罗布淖尔路线图。需要提醒我们注意的是，在这幅地图中，不仅标明了由敦煌境内玉门关、阳关通达罗布淖尔的路线，而且在罗布淖尔湖西岸清楚地标明了一座古代城址。可惜的是，郝永刚等人"不谙考古"，并不知道也未关心，更谈不上深究这一古城究竟是历史上的什么城市，它的发现有怎样的学术价值，自然也没有可能给这一古代城址戴上楼兰的帽子，而完成的地图也始终深藏在清朝的深宫大院里。这种现代地理、考古科学知识的缺乏，使本可以让楼兰早一点与中国学术界、与全世界学术界谋面的机遇，白白地失之交臂。于是，首先发现楼兰并向世界报道的桂冠，戴在了瑞典学者斯文·赫定的头上。

1901年3月4日至3月16日，有备而来的斯文·赫定在楼兰古城中的13处遗址点进行了发掘，仅汉晋时期简、纸汉文书即取走150多件。简、纸文书中，多见晋王朝纪年，但仍称此处为"楼兰"。文书内容涉及邮传、屯田、士卒调动、粮食供给，楼兰西域长史府与敦煌、酒泉郡的联系。木简文书可以清楚看到从中原来的绫作为交换物，在当地籴谷。纸文书残件，见《战国策》残文；亦见多件戍边人员的家书，其文字饱含浓烈的怀念之情，对亲人故世、家人衣食不周的伤痛之思等，戍边将士们的日常活动历历在目。总数虽不足200件，但其历史价值是十分厚重的。

作为地理学家的斯文·赫定，自然知道这类古代文书资料在历史地理学研究中的地位，所以对当时雇来发掘的农民宣布，凡找到文书资料的，一律在工资外给予奖励，并立即兑现。这一奖励措施，使那些并不了解古城及相关文书历史文化价值的农民，明确无误地感受到这些文物在西方学者眼中的价值。继后进入楼兰的斯坦因，同样也采用这套行之有效、立竿见影的办法。它的实践后果，不仅造成当时在遗址内无序乱挖的局面，而且在塔里木盆地周围的农民中掀起了找宝热潮，致使一波又一波的盗掘文物之风此起彼伏，迄今还没能止息。在这股风气的鼓动下，天山南北、塔克拉玛干沙漠

○ "楼兰主国均那羡"残简。木简出土在晋西域长史府故址中，表明：在西汉已经灭亡近200年后，人们仍以"楼兰"称呼这片土地

○ 《战国策》残笺。楼兰地居冲要，危难丛集。《战国策》的智慧是戍守官员绝不可以轻忽的瑰宝，相关典籍自然也就成为人们随身必备的宝籍

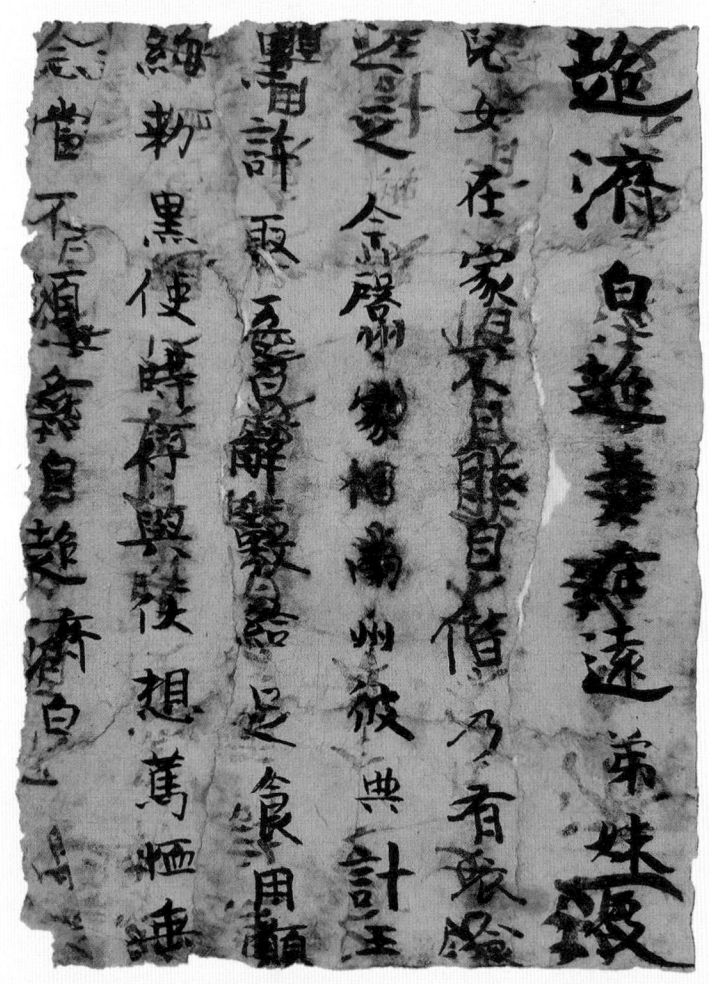

○ 斯文·赫定获自楼兰古城的张超济信稿，共出关联文书达11件。张超济（又称张济逞），是西晋永嘉时驻节西域的长史。远守楼兰，夫人、儿女在家衣食困乏，危难中，超济请托故旧王黑关照，得获五百斛谷物，解除家人饥馁。超济得释远虑，深感欣慰。多件残碎信稿，具显边疆吏员生活之鳞爪，弥足珍贵

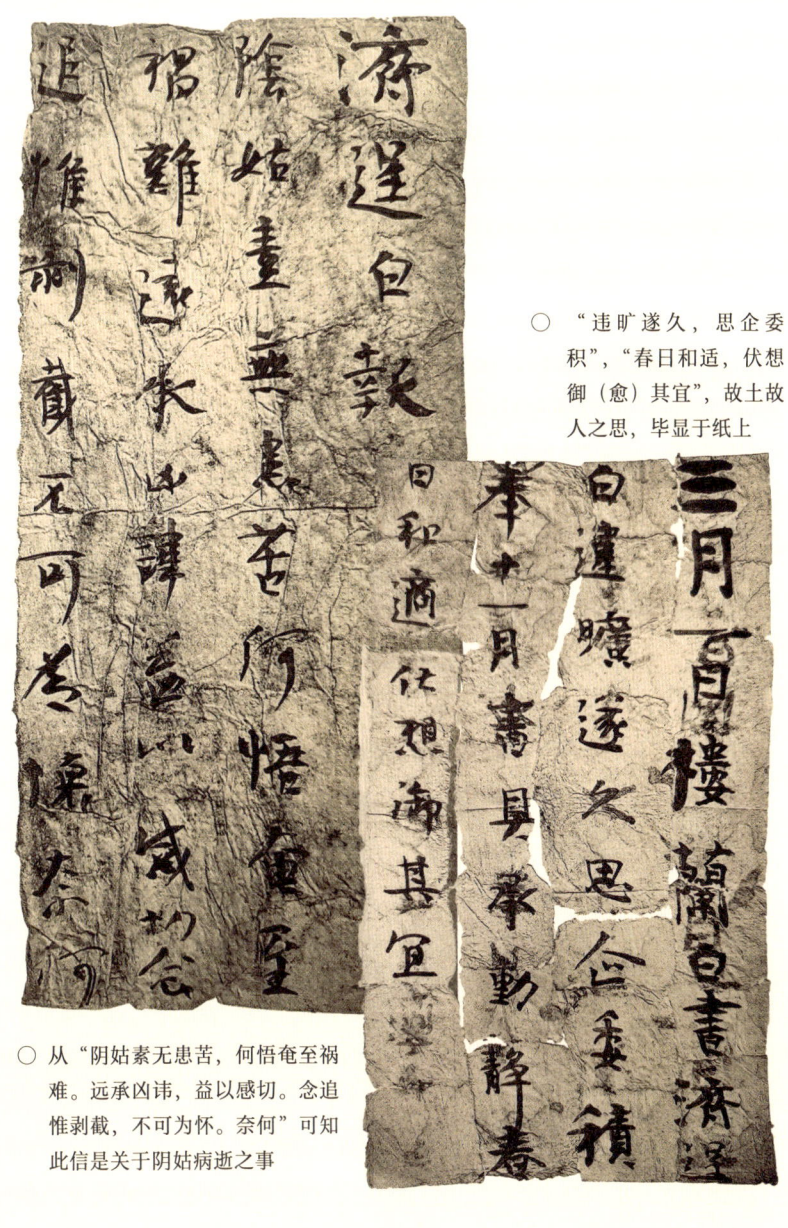

○ "违旷遂久，思企委积"，"春日和适，伏想御（愈）其宜"，故土故人之思，毕显于纸上

○ 从"阴姑素无患苦，何悟奄至祸难。远承凶讳，益以感切。念追惟剥截，不可为怀。奈何"可知此信是关于阴姑病逝之事

○ 斯文·赫定1901年进入楼兰后，让雇工发掘佛塔，其久久不散的烟尘，成为厚积在国人心头的记忆

内外的大量古代城址、墓葬遭受到无尽的盗掘劫难。它对古代西域文明遗存产生的危害，真是怎么估量都不算过分！

　　还是回到斯文·赫定1901年的楼兰发掘工作上来。他在近两个星期的挖掘中，获得文物颇丰。随他一道到达斯德哥尔摩的，除了157件汉文纸、简文书，还有少量佉卢文书、56枚五铢钱、剪轮五铢钱以及许多箭镞、铁斧、镰、铜镜、甲片、海贝、珠饰、砺石、簪、乐器、木雕饰、丝绢、锦、毛织物等。至少在17件汉文书中，写有"楼兰"，是从楼兰寄发或于楼兰接收的信函。在佉卢文书中，则有"kroraina"一词，语音与"楼兰"近同。因此学术界大多认同，这一古代城址，应该就是在历史上存在时间虽不是太长，却给今天的

○ 斯文·赫定在楼兰城中所获玻璃片和各类装饰品

人们留下了极多悬念的楼兰王国都城。

行文至此，人们会有一个问题，以穷尽一生精力搜掠新疆文物为重任的A.斯坦因，怎么会落在了斯文·赫定身后，没有涉足于楼兰的发现呢？这一方面是因为他不可能那么快就获悉发现楼兰的情报；同时，也因为他当时正以极度亢奋的情绪，忙于在楼兰遗址以西，相距近1000公里的尼雅废墟进行着发掘。

斯文·赫定将楼兰文物带回欧洲后，激起了一重又一重西域考察的波澜。被西方学术界视为蛮荒的新疆沙漠深处，竟还埋藏着如此辉煌的古代文明，既出乎他们的意料，又着实令他们瞩目。于是，许多学者都积极准备，不希望落后于人，都要在这里的荒漠深处一显身手。

第一批追随赫定足迹进入罗布淖尔荒原的，是美国地理学家亨廷顿。他得到美国地理学会的资助进入了新疆。1905年至1906年，他在罗布洼地进行了穿插考察，发现了古代楼兰地区早期土著居民的墓葬，只是并没有在这类考古发掘上花什么精力。他的主要兴趣还是在地理学领域之中。他粗粗走过罗布淖尔荒原后，提出了一个深具影响力的学术结论：罗布淖尔湖是一个变化中的"盈亏湖"。他的"盈亏湖"说，对与楼兰兴废关系密切的罗布淖尔湖为游移湖的理论，提出了一个新的挑战。

A.斯坦因洗劫楼兰

在 20 世纪初期的楼兰考古中，英国考古学家 A.斯坦因（下简称斯坦因）留下了最为深重的痕迹。他在 1900 年至 1901 年第一次到新疆，即调查发掘了丹丹乌列克、尼雅、安迪尔等新疆和阗（今和田）地区的知名古城，拿走了许多让西方学术界瞠目结舌的珍贵文物。为斯坦因作传的珍妮特·米斯基说，这件事情使斯坦因一夜之间"成为学术界和公众心目中的英雄"。这意外的辉煌成功，当时就使斯坦因在内心深处酝酿着他的第二次新疆之行，而楼兰将是这次工作的重点；因为，这时斯文·赫定发现楼兰的新闻已震响在欧洲大地的上空了。

○ 大肆劫掠中国西域文物的斯坦因

斯坦因在其报道楼兰考古的大部头报告《西域考古图记》（Serindia）一书的导言中，曾经袒露过这一心态。因此，1906年4月，记述第一次考察新疆的《古代和阗》刚刚校订完成，他立即又踏上了前往新疆的征程，重点之一就是发掘楼兰古城；并且在1914年继续进行了楼兰发掘。他涉足的楼兰遗址之多，发掘面之广，掘获文物之丰富，在同一历史时段的西方学者中，无人可以与其相匹敌。

斯坦因，1862年出生于匈牙利布达佩斯，父母都是犹太人。因为他在中国西部探察、挖掘、骗盗文物取得了巨大成果，在中亚古代文明研究中有重大建树，为英国政府的殖民扩张立下了汗马功劳。后来，他不仅取得了英国国籍，而且得到"爵士"封赏。他早年曾先后就学于德累斯顿、维也纳、莱比锡、图宾根等地，取得博士学位后，又在英国伦敦大学、牛津大学、剑桥大学、大英博物馆进行博士后研究。这一过程中，曾受业于印度文字学权威J.G.比勒教授，专攻古代印度语言、印度古代史。斯坦因的学历，使他得到了多方面的语言训练，除通晓匈牙利文、德文、法文、英文、希腊文、拉丁文外，在梵文、波斯文、古突厥文方面也具备比较深厚的素养。他曾潜心研究过希腊、罗马历史，精通古代印度、波斯历史。有了这样的知识准备，对于与古代印度、波斯、希腊、罗马文化有诸多关联的新疆地区考古，是非常有利的条件。与身处半殖民地半封建社会统治秩序下的、在旧中国土壤上成长起来的同时期中国历史文化学者相比，斯坦因的眼界、学识，无疑是高了一筹。"落后就要挨打"这一真理，也体现在历史文化研究领域中，我们从斯坦因们的新疆考古实践中有了不少体会、教训。

斯坦因做博士后研究时间并不长，不过短短两年。但在那个环境中，却得以有机缘接触到不少对东亚、印度深有研究，也具有社会影响力的大学者。因之，他很快就于1889年被推荐到拉合尔（今属巴基斯坦）东方学院任院长。继之，旁遮普督学、印度西北边境省总督学及考古调查员等头衔，都先后接踵而至，落在了他的头上。这为他提供了相当宽广的活动舞台，也为他深入中亚、深入新疆进行考古探察、搜掠文物铺平了道路。

19世纪末20世纪初，在英国政界、学术界有一个占统治地位且甚嚣尘上的观念，正如1898年斯坦因在一封给友人的信中说："我敢肯定，和阗和中国新疆南部是英国考察的适当范围。用现代术语来说，它按理是属于英国的'势力范围'，而且我们也不该让外人夺去本应属于我们的荣誉。"①斯坦因的这一表述，表现着当年英、印朝野的心态。在他们的观念中，中国新疆是"印度的一份遗产"。后来出版的《西域考古图记》（Serindia）一书，其副标题就是"中亚及中国西部地区探察之详尽报告"。文内，他把甘肃称为"中国西部地区"，而将新疆广大地区置于"中亚"概念内，将它与中国分割开来，其殖民扩张的心态跃然于纸面。了解这一点，对于我们认识当时祖国形势危殆，中国人民苦难深重，西方列强为什么在新疆考察

---

① ［英］珍妮特·米斯基著《斯坦因：考古与探险》（Sir Aurel Stein: Archaeological Explorer），新疆美术摄影出版社1992年版，第88页。本节文字引述的斯坦因的这类内心祖露，均见于该书，以下不一一具体注明

如入无人之境，是很有用处的。

斯坦因1906年的新疆、甘肃之行，经费、护照、打通各种关系必不可少的手续，也时而让他在得意之余发点牢骚，但总的来说，他进入新疆的准备工作进行得还是相当"顺利"的，他要去的地方都可以去，想做的事都能去做。于是，这年4月，他带着一支不小的队伍，第二次踏上了遥远的塔克拉玛干沙漠考古之旅。

在今天，两三天就可以进入的地区，在当时却是一条相当艰难而遥远的路。当时人们采取的还是已持续了千百年的近乎原始的交通方式——以骆驼、马代步。斯坦因这次选择的路线是翻越兴都库什山谷地，顺阿姆河上游上溯，经过阿富汗瓦罕走廊，翻瓦赫吉里大坂，进入我国帕米尔，到喀什，过和阗，沿昆仑山北麓东走，进入罗布淖尔大地。从拉合尔到喀什，在路上走了差不多两个月。

困扰斯坦因这次楼兰之旅的，不仅是上面说到的翻越缺氧的高山雪岭、河流湍急的峡谷、人迹罕至的冰原，还有时刻都在他大脑中翻腾的西方列强之间的暗斗明争。除了同样视新疆为自己势力范围的沙皇俄国，与这次考察活动差不多同时的，还有已见诸行动要进入新疆的德国、法国同行的考察活动。斯坦因为了最先进入楼兰遗址，真可以说是费尽心机。他不仅对自己的行动严格保密，不向外界做任何透露；而且选择的路线虽极难走，却是最近捷的一条。他要用这样的办法争取每一分钟的时间。但即使如此，奔波在深山荒野，他还是担心，唯恐落在德、法考察队的后面。在他1905年底、1906年初给挚友的私人信件中，"楼兰"差不多是每封信的中心内容。他为1905年11月英国驻喀什游历官马继业（马卡特尼爵士，1908年被正式任命为英国驻喀什领事，后又提升为总领事）给他的一封通风报信的函件而忐忑不安，因为马继业在信中说：德国人勒柯克、巴图斯已经到了喀什，在等待他们的领队格伦威德尔。后来又听说，勒柯克、巴图斯与格伦威德尔之间互有猜忌，彼此并不和睦。知道这一情况后，斯坦因在给友人的信中按捺不住心底的高兴。在知道德国人计划只在库车、吐鲁番工作而不到楼兰后，他才完全放了心，立即"宽慰"地说，"但愿魔力和格伦威德尔的安排会使他们一直留在那里，直到我抵达罗布淖尔"，他十分坦白地在信中表明"我总是希望他们受挫"。除了德国对手外，他还担心另一个对手，法国汉学家伯希和。听说法国人在1906年春天要从巴黎出发到新疆，他又十分紧张，在信中袒露心曲，"我不怀好意地希望他们那时也受阻于俄国的铁路。假如他们决定取道印度，我就有希望走在他们前面。因为只要暗示一下（印度）外交部，已足够使他们走上又慢又难的拉达克线。我自己的计划是保守队里的秘密，在德国人和法国人准确知道我们动身之前已到达（楼兰发掘）现场"。斯坦因在这些信函中透露的心情，生动而又具体地显示了他们这些"朋友"之间的实际关系。而在所有这些担心中，还真没有一点是来自中国的。清王朝末年，中国政府已无暇顾及这些人肆无忌惮盗取中国文物的活动；而国家极度贫弱，加之消息闭塞，也早把中国学术界完全抛在了这场学术考察竞争的舞台之外。

1906年12月，斯坦因在若羌县完成了进入楼兰的最后准备：他

○ 阿不丹渔村

召集了50名工人，筹足了可供5周的粮食，雇用了县城内全部可用的骆驼（当时只有28峰），为补运力不足，又用了30头毛驴，作为转输粮食、冰块的工具。他很得意自己"弄尽了县城（若羌）的物力"。路线是从若羌到米兰，到罗布渔村阿不丹，再由阿不丹向北直奔楼兰。除了斯文·赫定的精确测图、罗盘外，斯坦因还用了曾经给斯文·赫定工作过的罗布猎人托克塔阿洪和毛拉作为自己的向导。

1906年12月17日，斯坦因顺利进入了楼兰古城之中。他为没有见到德国人、法国人的影子而十分高兴，兴奋地在给友人的信中说："到处都不见法国人、德国人的影子。因此，在从和阗出发的1000英里的赛跑中，就目前来说是我取得了第一名。""自从赫定到这里后，该遗址尚未遭到寻宝人的破坏。而赫定带到此地的仅仅只有6个人，也挖不出多少洞来。"斯坦因的兴奋，预示着楼兰古城即将面临更为深重的灾难。

第二天一早，发掘立即大规模展开。斯坦因用了所有的力量，在古城内整整挖了11天，用斯坦因自己的话来说，"把各群遗址中所能找到的遗物都清理出来了"。在给挚友艾伦的信中，斯坦因掩饰不住喜悦："结果证明我所有的努力都是值得的。我们清理的一连串遗址所得到的，要比我据遗址的数量或保存完好程度所期望的还要多……构成主要遗址的一打左右房间中，每一间都出土有丰富的文书……仅一个巨大坚实的垃圾堆中就有200多件写在木片和纸上的

○ 20世纪初，斯坦因在楼兰掠取之文物被装驼运出

○ 人面纹毛织物，出土于楼兰王国LE遗址中，被斯坦因掠走

汉文、佉卢文……所有艺术品和丝织品与尼雅发现物有着惊人的相似。犍陀罗风格在所有的木雕与浮雕中颇为流行。"

    根据斯坦因在《西域考古图记》中的介绍，他在楼兰城中重点发掘的地点首先是佛塔稍南的一区建筑遗迹（这一建筑遗迹，今天已完全不见踪影）。"这是一座建筑很好的房屋……很多木料堆积在斜坡上……"在这里除了发现大量汉文、佉卢文文书，"还发现一些其他奇异的遗物"，如"一块堆绒的羊毛地毡残片和保存得很好的一小捆黄绢",还有一块有字的绢边,文字为"任城国亢父丝一卷,宽2尺2寸,长40尺,重25两,值618钱"(古任城国地居山东,为汉代主要丝织物产地之一)。"这个发现,使我第一次看到了过去从中国运销到古典西方的最著名的丝绸产品的实际样式","在靠近房屋的风蚀空地上,见到青铜镜、金属带扣、石印及金属、玻璃、石质器物之类。汉代方孔铜钱散布之多,可以说明这类铜钱流布地域之广泛,也可以看到钱币显示的贸易兴盛。"①

斯坦因发掘的第二处重要遗址,是位于佛塔西南的魏晋西域长史府故址。斯坦因称这"一所大建筑物,一部分是用土砖造的。虽已损坏之至,还可以看出原来是一座衙门的遗迹。其中有一间小室(实际是三间小土房),原来大约是作为监牢之用"。斯文·赫定曾经在这里得到许多汉文木简及纸质文书,部分文书有晋泰始元年至六年(265—270)年号。斯坦因仔细搜索一遍,汉文简纸文书又出土了不少。

在这处官署西侧,发掘了一处依然臭味扑鼻的古代垃圾堆,得到200多件丢弃于此的汉简。也是在这处垃圾堆中,还找到了一件粟特文书。粟特人世居中亚,古代以善贾而著称,是汉唐时期丝绸之路上最为活跃的商人,足迹及于新疆、甘肃、蒙古、陕西等地。楼兰所见粟特文书信,是他们活跃在丝路上的实证。

斯坦因所获大量汉文简纸文书,时代大多也在公元263年至270

---

① 参见向达译《斯坦因西域考古记》,中华书局1936年版,第97—98页

年间，正当晋武帝在位，着力经营西域之时。最晚的一件文书，作于"建武十四年"，其实建武年号在14年前即已终止。此时，已是晋成帝咸和五年（330）。斯坦因曾经正确判定这时"这一个小站同帝国中央当局的交通已经完全断绝"，所以改变年号的事情也不能及时通达边疆。孤悬沙漠中的楼兰，作为丝绸之路重要站点的地位，这时已经岌岌可危，楼兰古城的历史已经翻到了最后的几页。事实说明，就在公元330年以后，楼兰即逐渐湮没在沙漠之中。

斯坦因在楼兰工作期间，曾经注意在厉风吹蚀的沟谷中找寻楼兰城墙的痕迹，根据一些遗迹，他判明城墙是"用泥和红柳树条相间夹杂筑成的"，这有利于抵御风的剥蚀。

按考古学的方法，斯坦因将这一遗址命名为LA，即罗布淖尔A号遗存。斯坦因对LA尽其所能地挖掘，装了满满两骆驼的文物。随后，又对楼兰城西的LB遗址进行了发掘，这是一区有精美雕花木柱装饰的佛教寺院。斯坦因十分庆幸：斯文·赫定虽然首先发现了这处遗存，但只用5个人发掘了一天，这给他留下了机会。他用了30名工人在这区建筑群中发掘了整整5天，发现了"很美丽的木刻残片""装饰华美的漆器残片""有图案的地毯"以及果园遗迹等等。

时隔7年以后，在1914年2月，斯坦因带了40名工人、26峰运输食品和水的骆驼，又一次经过米兰进入楼兰古城之中。第二次的楼兰发掘，也与马继业的情报有关联。马继业在1912年底给斯坦因写信，告诉他"勒柯克在策划另一次考察"。这消息对斯坦因产生了强烈的刺激，他不能容忍在新疆考古这个问题上，有人站在他的前面，加上这时中国政府仍然无力顾及外国人在西部的活动。用斯坦因的话说，虽然发生了辛亥革命，清王朝被推翻了，但新上台的"中国政府至今尚未对外国人在这个地区考察古代遗存设置障碍。但这种有利的形势能持续多久却无法预测"。因此，斯坦因改变了在阿富汗、伊朗东部考察的计划，向印度政府申请经费，并很快得到批准。

这次进入楼兰的路线与1906年稍有不同，没有经过阿不丹，而是从米兰循着一条干河床行进，途中发现并清理了两座汉晋时期的城堡，获得了漆器、织锦、毛织物、农业生产工具及汉文、梵文、佉卢文、粟特文书。城堡修筑工艺也是一层树枝一层泥土相间叠砌。他判定城堡废弃的年代与楼兰废弃的时间相同，都在公元4世纪。这些遗迹标示了一条很重要的交通路线，表明了古楼兰与米兰之间具体的联络及相应的军事防卫工作。

1914年2月10日，斯坦因把他的工作营帐扎在了楼兰古城中的佛塔下边。随即安排工人在上次未及清理的小型居住遗址及大垃圾堆的深部实施挖掘，同样又得到一些汉文简纸文书、佉卢文木板及其他文物。汉文文书，从纪年文字看，最晚为西晋。这次发掘，斯坦因没有在发掘地点监守，而是向楼兰古城东北方向调查，找到了一些居住遗址，在一处高台地上发现了一区汉代墓地，清理时得到了不少色彩斑斓的汉代织锦。这里我们还得引用当年斯坦因的信件：

（在）一个高大并因此而免遭流沙侵蚀的风蚀台地上面，我

○ 汉代墓地出土的东汉毛毯

们发现一块古代墓地，洞穴中满是出乎意料的遗物，有各式各
样的生活用品和陈腐的衣裳，看样子像是从更古老的墓穴中杂
乱无序地收集而来，与尸体一起放置此处。美丽的丝绸、锦缎、
刺绣，还有地毯和各种布匹，这些收获会使你眼花缭乱。我认
为：它们是东汉时期的东西，与在敦煌烽燧线旁发现的两件残
品明显属于一类。这么多美丽的图案和色彩现在重见天日，希
望这意味着纺织艺术的历史翻开了新的一页。此外，还发现了
带饰边的完整铜镜和许多其他东西。

我们引用了这么长的满溢着斯坦因得意之情的信文，是希望借

此可以对斯坦因当年的发掘进行一点批注。66年后的1980年，就是在斯坦因1914年发掘的这片墓地，新疆考古研究所的吕恩国和托尔逊又进行过一次清理，结果发现，这座出土了大量汉锦的东汉墓葬，实际是一座保存相当完好的墓穴，只是斯坦因及其雇工只掏挖了墓穴中段，拿走了不少丝毛织物，完整的墓葬形制却没有搞清楚，只好把它说成是"杂乱无序地收集而来"。我们把墓穴全面揭开后，将墓室两端出土的织物与斯坦因刊布的资料对比分析，发现不少织锦不仅品种一样，图案色泽相同，甚至可以拼合。[①]斯坦因是被西方学术界捧为在新疆考古中做出了杰出贡献的大人物，对其考古实际究竟该做怎样的评价，这个例子可以帮助我们思考。

在斯坦因多次楼兰考察中，自然不会放过阿尔金山下的米兰。他在这里的吐蕃戍堡中获得一千多件吐蕃文文书、一件突厥文文书。在清理第三号、第五号佛寺回廊护壁时，切剥了多量有翼天使像及一组佛传故事壁画残块。斯坦因认为，从这些壁画中，"我们找到了与猜想中的中亚佛教艺术原型最为相似的样本……从中可以发现它们与更西边的古希腊艺术东方化形式之间的联系"。

斯坦因在楼兰地区的考古，随后进行的关于汉代自敦煌进入楼兰具体路线的调查、考察，确实收获甚多。他在楼兰故城东北方向发现了一座小城堡，墙垣用苇草和泥筑成，工艺与敦煌一带的汉代

① 具体可参见：新疆考古研究所楼兰考古队《楼兰古墓群发掘简报》，《新疆文物》1988年第7期；新疆文物考古研究所编《新疆文物考古新收获》(1979—1989)，新疆人民出版社1995年版，第401—412页

城墙、烽燧完全一样。在这座小城堡中，斯坦因也得到了2—3世纪时的汉文文书。循着这一方位继续向东北方前进，斯坦因说："我们的运气似有神助，接二连三地发现中国古钱、武器、饰物等等，它们好似神秘的路标一样引导着我们。如果迷信的话，我真会以为是那些勇敢、坚忍的中国人的精灵在为我们指路。有4个世纪之久，他们曾面对着这条可怕的道路，面对着这一路上的艰难和危险。"

斯坦因这段话，接近真实地说明了当年两汉、曹魏、晋王朝开拓丝绸之路的雄才大略，说明了无数平凡中国人的勇敢与献身精神。斯坦因在敦煌与罗布淖尔荒原上的楼兰城之间，在楼兰与米兰、若羌之间，自1906年至1914年，曾经往东、西、南、北方向穿行过多次，他还是有"资格"说出这样的话、做出这一评价的。

橘瑞超楼兰"考古"

20世纪初，日本净土宗西本愿寺法主明如上人的嗣子、西本愿寺第二代法主大谷光瑞，曾经于1902年、1908年、1910年先后三次组织和派遣探险队进入新疆地区，参与了这一考察活动的除大谷本人，还有渡边哲信、堀贤雄、野村荣三郎、橘瑞超、吉川小一郎等人。橘瑞超是其中的主要角色。

大谷探险队在新疆的考察活动，已过去100多年，对他们的活动，中国学者乃至全世界从事古代西域文明研究的学者有两点共同

○ 大谷考察队中的重
要成员——橘瑞超

的认识。

其一，这些年轻的日本僧人确实极富冒险性，但科学性不足。他们曾由新疆塔克拉玛干沙漠南缘于田县（克里雅）南入昆仑，进入喀拉昆仑山无人区，希望踩出一条由昆仑山进入西藏的隘路，最后把行李、辎重，甚至活命的银元全部丢弃在了高山缺氧地带，只保住性命回到山下的绿洲；他们也敢轻装简从，由且末出发，北入塔克拉玛干大沙漠，最后到达库车绿洲。在新疆做这样大胆、无忌的探察，见到了不少遗址、遗迹，也取走了不少文物珍品。但这些遗址的准确位置、经行路线、相关文物出土情况，他们的记录却十分含混，十分不清楚，比较斯文·赫定、斯坦因、伯希和的工作记录，差了一大截，这极大地限制和降低了相关文物及考察资料的学术价值，成了无法弥补的历史遗憾。

其二，对这批年轻僧人在新疆考察活动的真实动机，至今人们仍留有不少疑问。橘瑞超自己在不少场合说过西域考察的原因，是因为大谷光瑞当年正在伦敦留学，看到英、德、法等国学者从新疆拿回去的珍贵文物，很受刺激，而西本愿寺拥有一千万名佛教信徒施舍的财物，经济实力雄厚，因而希望对西域佛教遗址、佛教文物、佛教自印度东渐的路线进行考察。字里行间，他们的兴趣、关注的中心只是与佛教文化相关。但另一方面，人们又无法不注意到他们十分浓烈的对中亚政治局势的关心。橘瑞超在其《中亚探险》一书中谈到喀什时，曾经说"喀什是中亚的政治、经济中心，分别与英属印度及俄罗斯毗邻，所以日本也应对喀什的未来给予极大的关注"。日本研究橘瑞超中亚探察活动的金子民雄先生曾经在他为橘瑞超写的《中亚探险》（柳洪亮译，新疆人民出版社，1993年版）序言中说："在新疆省有利害关系的英国和俄国，在新疆各地建立有间谍网，新去那里的日本可能插足"，"俄国和中国在伊犁地区出现的边境问题，日本军部特别关心，也需要这里的情报"，"英国方面开始感觉橘瑞超的活动系间谍行动，因为他在属于英国势力范围的喀什、叶尔羌、和阗等地区进行了绘图与测量"，"俄国怀疑西本愿寺西域探险队是日本军部的情报员"。鉴于当年云谲波诡的新疆政治形势，人们对既是与日本皇室关系至为密切的西本愿寺法主，又是天皇姻亲的大谷光瑞主持下的西域考察活动做进一步分析，并不难以理解。橘瑞超是大谷光瑞寄予厚望的助手，是日本探险队中的主将。衔大

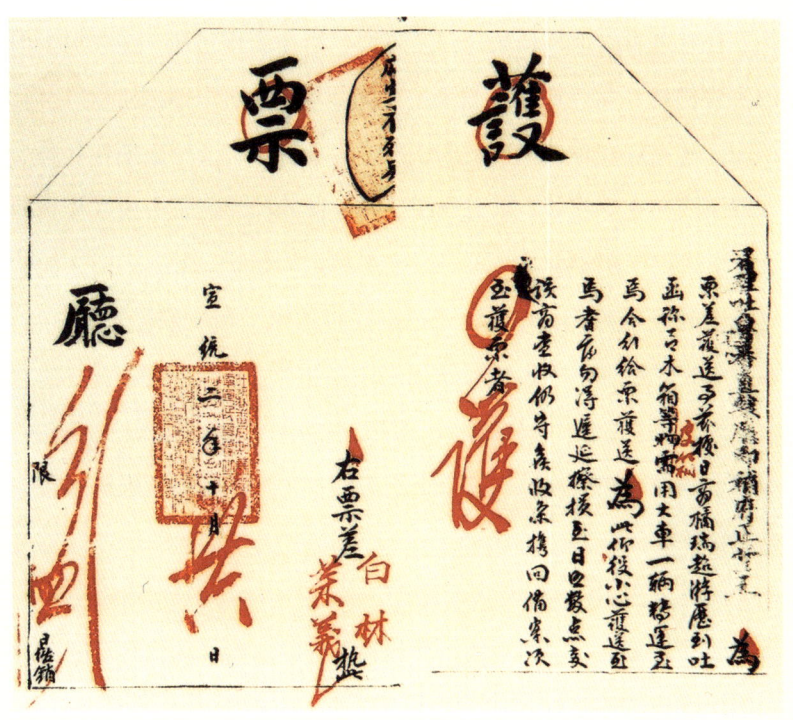

○ 宣统二年（1910），橘瑞超由吐鲁番运送文物到焉耆。吐鲁番厅派出一辆马车去执
行橘瑞超的使命，要求"仰役小心"，"勿得迟延擦损"

谷光瑞之命在新疆活动的橘瑞超，曾经先后两次进入楼兰古城，并
在古城至米兰间踏勘过其他城址，在孔雀河下游支流小河五号墓地
出土的珍贵文物，也是橘瑞超拿回日本的。

　　橘瑞超第一次新疆考察，是在1908年。这年8月，他自日本进
入蒙古，经过乌兰巴托、哈拉和林、科布多到了新疆准噶尔盆地南

缘奇台，过吉木萨尔抵达迪化（今乌鲁木齐），再由迪化到了吐鲁番。在吐鲁番盆地高昌城郊阿斯塔那、喀拉和卓墓地，在火焰山中的各处佛教石窟寺中，发掘了一个多月。就在这段发掘的时日里，斯文·赫定应大谷光瑞邀请，访问了西本愿寺，介绍了他在新疆的考察路线和主要收获，重点介绍了楼兰城的经纬位置及他在楼兰的工作。大谷光瑞十分及时地将斯文·赫定的经验，尤其是斯文·赫定测定的楼兰城的经纬位置通过电报转达给了在吐鲁番的橘瑞超。在大谷光瑞的支持下，橘瑞超于1909年1月6日离开吐鲁番前往焉耆、库尔勒。2月21日向若羌，并经由若羌、米兰进入罗布沙漠，探察、发掘了楼兰古城，取得了不少珍贵文物，其中最重要的收获是掘获了著名的李柏文书。

橘瑞超在楼兰古城及其附近地区活动了约一个月，工作结束后，重又回到若羌，沿丝绸之路南道到和阗、叶尔羌，翻越喀拉昆仑山到达列城、斯利那加，与等候在印度的大谷光瑞会合，随后在印度公布了他发现的李柏文书。

所谓李柏文书，是前凉西域长史李柏写给焉耆王龙熙的信稿。李柏，《晋书》中有记载。他原是西晋王朝的西域长史，驻节楼兰。晋室南迁后，他入前凉王朝，仍任西域长史。公元327年，同属前凉的戊己校尉赵贞（驻守在吐鲁番高昌）背叛前凉，与前赵王朝刘曜秘密勾结。李柏了解这一重大变故后，向前凉王张骏做了报告，致使张骏先后两次攻伐赵贞。第一次无功而返，第二次击败了赵贞并将其生擒。这是4世纪20年代历史上新疆东部地区的一件大事。公

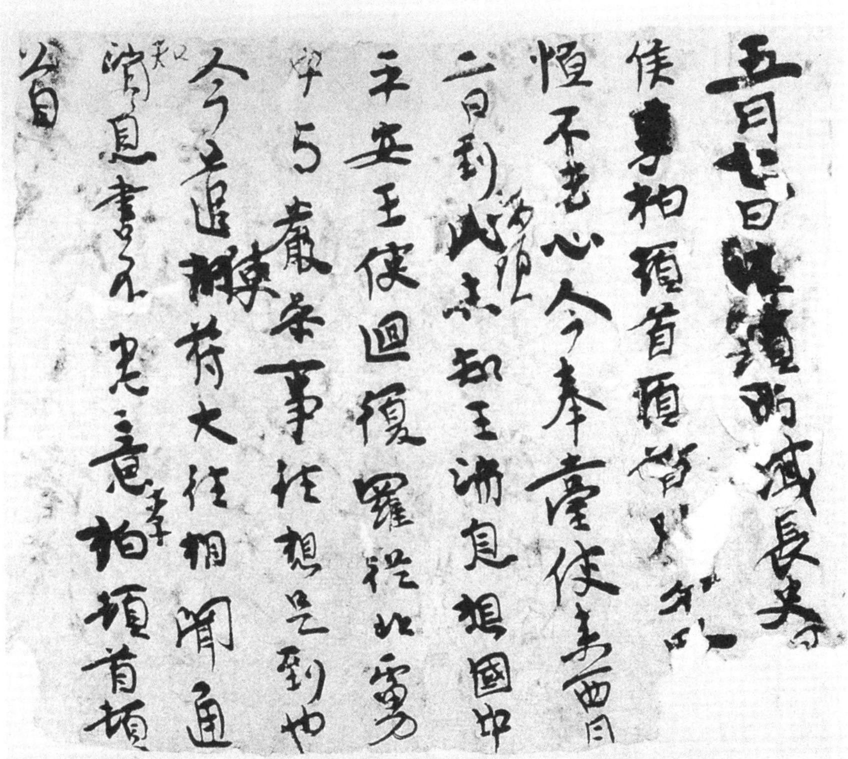

○ 李柏文书A，文字为：

五月七日□□西域长史□□

侯李柏顿首顿首别□以□

恒不去心今奉台使来西月

二日到此海头未知王消息想

国中

平安王使回复罗从北虏

中与严参事往想是到也

今遣使符太往相闻通

知消息书不尽意李柏顿

首

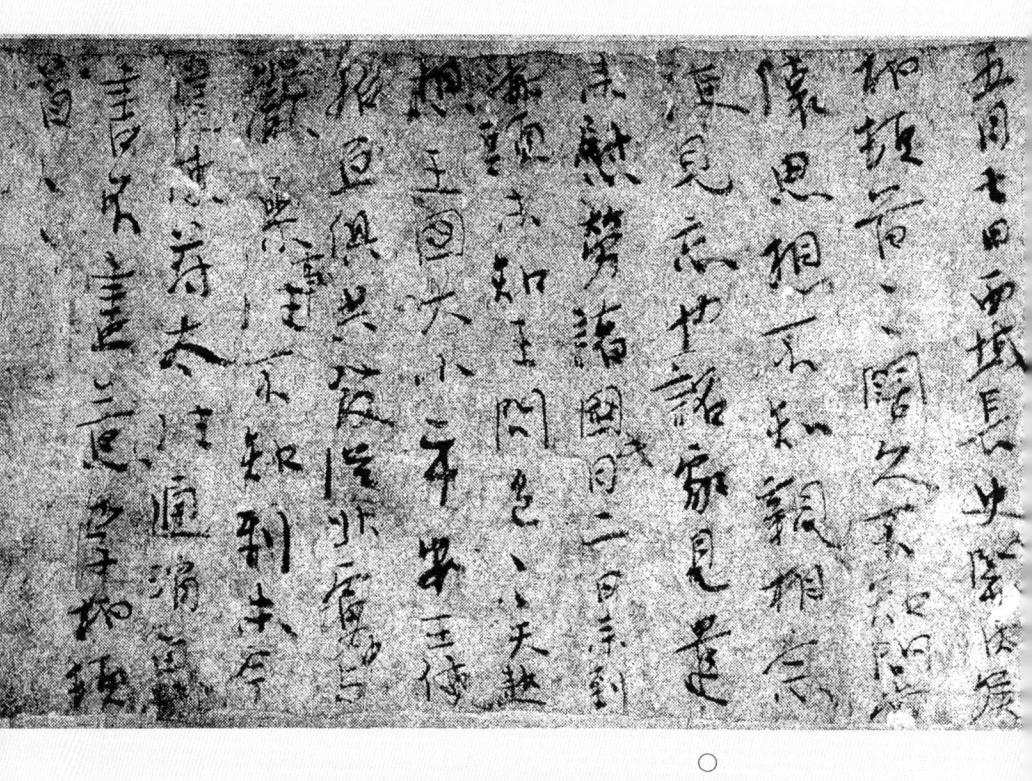

○ 李柏文书B，文字为：

五月七日西域长史史关内侯

柏顿首顿首阔久不知问常

怀思想不知家亲相念

便见想也诏家亲见遣

来慰劳诸国此月二日来到

海头未知王问邑邑天热

想王国大小平安王使

□□俱共发从北虏中与

严参事往不知到未今

遣使符太住通消息

书不尽意李柏顿首

首

元327年，前凉王朝在吐鲁番地区设立高昌郡，正是在平定赵贞的基础上才得以实现的。

李柏作为前凉的西域长史，执行着这一既重要又极度机密的政治、军事使命，所以在写信给焉耆王龙熙时是十分仔细、认真的，反复斟酌措辞，多次易稿，主要信稿留存下两份，都为橘瑞超所获。

李柏文书是一件关系重大的文物。张骏授命李柏讨赵贞，这是《晋书·张骏传》中记录在案的一件大事。时隔近1600年后，相关信稿，重现于楼兰废墟之中，其意义非同寻常。与这两封信稿同时，还有多件十分残碎的文稿，明确提到"逆贼、赵""赵……自为逆""……贞□逆"等，均满溢着击灭赵贞的杀气。但这两封相对完整的信稿为了保密，反复斟酌措辞，没有明点赵贞一字。李柏当年在楼兰城内矛盾、焦急、思虑不定的心态，通过这些断篇残纸，极清楚又鲜明地呈现在我们面前。

李柏文书不仅为我们认识这一历史事件补充了重要的细节，而且对楼兰地区在公元4世纪初已归属甘肃河西走廊的前凉王朝提供了物证。这是关系西域历史的重要文物。然而，橘瑞超发掘到手后，却没有清楚地说明它的出土地点、出土情况。文书点明信稿书写地点是在"海头"。而楼兰古城的相关文献中从未见过"海头"称谓。对此，王国维首先注意并质疑：书写地点既明指"海头"，则难说所在为"楼兰"。这一问题，半个世纪后，又为一些学者重提，并推论文书出土地点很可能并不是赫定所见之楼兰城，而是楼兰城西南约50公里的LK古城。这场（半个世纪的）争论，最后通过与橘瑞超发现文物地点的照片比照分析，确认了照片上有楼兰城中的佛塔，才算告了一个段落。

此后，橘瑞超又随大谷光瑞游览了埃及、罗马、伦敦、巴黎、斯德哥尔摩，这期间与斯坦因、伯希和、斯文·赫定及勒柯克等就新疆文物、考察等问题切磋体会、交流信息，并准备再一次进入新疆。

1910年8月，橘瑞超离开英国，志得意满地雇用了一个英国青年霍布斯做亲随，经俄国再到新疆。在迪化稍作停留后进入吐鲁番，因为工作的重点地区还是放在罗布淖尔沙漠楼兰城，所以很快就从吐鲁番翻越库鲁克塔格山，于1910年12月抵达了孔雀河下游的阿提米西布拉克（六十泉）。橘瑞超在他十分简略的《中亚探险》一书中，不无得意地叙述："在这种冷天，我借助地理草图和指南针，率领队伍逐渐南下……走了几天，我在这个沙漠中发现了一座埋没的城址。这座城埋在沙中已经历了数百上千年，在这座埋没的城址中没有任何人来过的痕迹，我断言自己是第一个叩开这座神秘大门的人。"只是十分令人遗憾，橘瑞超在书里既没有说清楚这座古城的方位、经纬度，与楼兰古城的距离，也没有具体记录和介绍古城的形制、大小、遗迹及出土文物情况，使人根本无法据以做进一步的分析。而实际上，如果这是一座新城，橘瑞超清楚它所具有的重大科学价值，是怎样评估也不过分的。因此，橘瑞超在判定这是一座新城时，十分强调："不用说，斯文·赫定博士，还有斯坦因博士，在这片沙漠里发现了埋没的城市和村庄，那和我所发现的完全是两回事，他们发现的古城址，我第一次探险时访问过，发掘到一件异常珍贵的文书，已在报纸上公之于世，而且这次也访问了同一个地点，并做了发掘。"大量的文字，反复申明他发现了一座新的沙埋古城，但就是没有古城的具体介绍。

橘瑞超第二次发掘楼兰后，向米兰方向返回。返回途中，在古城西面，又发现了一个废弃的村落，掘获文物不少。他在阿不丹度过了1911年的元旦。阿不丹，今天已是罗布沙漠中新的废墟，但在1911年橘瑞超来到这里时，还有十二三户居民，"村里的人对我们非常亲切……村里的头目欢迎我们，送给我们一条冰冻起来的鱼"，"住在阿不丹附近的人统称为罗布人，如果从人种系统说的话和维吾尔人相同。但是以我所知有限的维吾尔语，他们的语言与纯粹的维吾尔语有很大的差别"，"住在这里的人，吃什么呢？他们捕捉野生的羊，挤羊奶；或是捕水中的鱼……"时隔100多年后的今天，这里已见不到一点水，当然也难捕到什么鱼，曾经在这里生存过的罗布人，也已星散到了其他地方。

1997年，我与夫人王路力应邀在韩国工作了3个月，主要工作之一就是对一批文物进行分析，这批文物最初由大谷探险队掘自新疆，后转卖给朝鲜总督府，目前成了韩国国立中央博物馆的中亚文物藏品。这是一批相当珍贵的文物，涉及吐鲁番、库车、和阗、罗布淖尔等地。从纸质文书到陶、木、泥塑、铜器，再到石质碑刻，至为丰富。但文物时代不清、出土地点不明。文物出土地点张冠李戴者不少。其中最值得注意的与罗布淖尔大地有关的文物，是一批

○ 密密丛丛的列木边是散乱的船棺箱板，其间，可以见到化成干尸的成人、幼儿，透露着青铜时代罗布淖尔大地上古楼兰先民的消息

制作十分精细的草编器、尖顶毡帽等物，根据我在罗布淖尔古墓沟发掘的经验，可以明确无误地判定，这是罗布淖尔荒原孔雀河青铜时代的文物。但在大谷探险队成员们已经刊布的资料中，却又完全不见他们在罗布淖尔地区发掘过早期墓葬的说明。2000年底，我有机会得以进入孔雀河下游小河五号墓地，看到巨型沙丘上，纵横狼藉的船棺箱板、白森森的人骨、朽碎的毡帽残片、毛布碎片，到处是被明显乱挖的痕迹。这处墓地，是20世纪初罗布猎人奥尔德克随斯文·赫定探察发现楼兰、得到金钱褒赏后，感到西方人愿以重金收购这类古文物而在孔雀河下游找到的。因为墓地上密密丛丛的木

柱、大量船形木棺令罗布人奥尔德克惊诧不已，他将这处墓地称为"千口棺材"。他曾发掘过墓地上一幢小木屋，发现过一具女尸和其他一些文物。收存在今韩国国立中央博物馆的罗布荒原上的早期文物，可以肯定就来自于此。只是橘瑞超是自己掘取还是购自当地，在大谷探险队留下的文字记录中找不到一点线索。

关于橘瑞超等在若羌县及罗布沙漠内的掘取文物活动，当年的西方学者其实是早就注意到的。斯坦因在1928年出版的《西域考古图记》一书中曾经说："1914年1月，我在卡尔克里克（若羌县）得到一个不大确实的消息称：1906年我第一次访问那里后，罗布猎人在靠近塔里木河下游的某个地方发现了一处遗址，它的名字也叫'麦得克沙尔'。据对自该地带回并卖给橘瑞超先生的物品的描述分析，似乎那里还残存有房屋废墟。因此我极遗憾在进入罗布沙漠之前，没有时间亲自去这片遗址作一番搜寻。"贝格曼在其1939年出版的《新疆考古记》中也肯定地说，在朝鲜总督府博物馆收存的罗布淖尔地区文物"几乎完全可以确认，就是橘瑞超自麦得克沙尔地区获得的文物"，而所谓"麦得克沙尔"就是小河五号墓地。根据这些资料，可以在逻辑上肯定，关乎罗布淖尔早期文明的小河五号墓地的文物盗掘，直接的原动力很可能是来自于橘瑞超当年在若羌搜求文物的活动。根据是，就在橘瑞超于若羌活动时期，若羌县县长曾下令搜求文物，其中包括小河五号墓地。究竟是橘瑞超要求县长大人发动农民搜寻古物，还是当年的若羌按办主动进行这一活动以满足橘瑞超们的愿望，自己也从中谋求经济利益？今天已不得而知。

但不论是哪一种情况，小河五号墓地在20世纪初遭遇的那场劫难，与橘瑞超们的活动也是存在紧密关联的。

说来可笑，正是因为橘瑞超他们这种并不科学的"科学考察活动"，使得他们不能与研究罗布淖尔早期文明有重大关联的小河五号墓地直接牵手，又使发现这一墓地的光环，落在较其晚了差不多20年的瑞典青年学者贝格曼的头上。

黄文弼发现土垠

与楼兰王国大地结缘的第一位中国考古学者是黄文弼。他参加了1927年成立的中瑞西北科学考察团，到了罗布淖尔。

谈起中瑞西北科学考察团，现在清楚了解它的人已不是很多。但在90多年前，却是中国学术界动人心魄的一件大事。它是近代历史上中国学者们维护国家学术主权，并取得了胜利的第一个记录，曾经让关心国家历史命运的青年人欢欣鼓舞。

对19世纪以来西方列强在中国西北地区盗掘、收买、骗取文物的行径以及当时中国政府不能维护主权的软弱无能，爱国知识分子们早已积愤在胸、扼腕难忍。因此，当1927年春天，斯文·赫定又率领一支由瑞典、丹麦、德国学者组成的考察队准备进入我国蒙古、新疆一带活动，北洋军阀政府还是无条件地同意他们进行考察时，学术界群起反对，奋起抗争。面对中国学术界的反抗，斯文·赫定

○ 黄文弼先生像。列身考察
团中的学者黄文弼，任务
是文物考古调查

知道众怒难犯，经过反复交涉，最后双方达成了协议：由中方与斯文·赫定联合组团考察，名称为"中瑞西北科学考察团"；中方派学者5人、学生5人参与其中；考察团工作由中瑞双方团长共同负责，中方团长是徐炳昶，瑞方团长则是斯文·赫定；采集的科学标本，归中国所有；考察经费由斯文·赫定筹集。这在当时，确实是我国学术界取得的空前胜利。负责与斯文·赫定谈判、交涉的中方学者刘半农先生曾戏称，这是近代中国历史上一件"翻过来的不平等条约"，为长期以来饱尝西方列强侵略之苦的中国人民大大舒了一口闷气。

黄文弼毕业于北京大学哲学系，后在北大国学研究所研究目录学，转治考古学。他有研究西北史地之学的准备，接受过新的科学教育，从事西北大地文物考古调查，正可施展其长。

中瑞西北科学考察团协议，考察工作只有2年，实际断断续续达8年之久。黄文弼探察楼兰，时在1930年4月。这年2月底，他发掘了吐鲁番的交河沟西墓地，随后到了鄯善县柳中城（今鄯善县鲁克沁）。由柳中城向南，穿越库鲁克塔格山，抵阿提米西布拉克，准备由这里循着斯文·赫定的老路，进入楼兰。4月14日，他由阿提米西布拉克向东南行，只见罗布淖尔湖烟波浩渺，隔水在高土台上遥望，看到了"一方形城墙，屹立南方，北面城墙似为土筑，有水冲洗之迹"，只是"自余住处至城边，均为溢水所浸灌"。这一隔水遥望中看到的"方城"，给年轻的考古学者带来的诱惑之强、期求之烈，是一般人无法想象的。为了进入这一期待已久、极富悬念的古城——楼兰国都，一探其真实面目，黄文弼先生可以说是使尽了浑身的解数。他用随身带的四个油筒，三横一竖，捆绑成筏子，铺上木板，用铁锨划水，希望可以到达遥遥可见的"古城"，但这一愿望没有能够实现。我们后来对楼兰古城调查，分析黄先生当年在高土台上看到的"方形城墙"，实际不过是一处形似城垣的风蚀雅丹。楼兰城实际距离还要远得多，至少在三四十公里以外，他在罗布淖尔湖北岸是根本看不到的。他当年使尽气力绑扎油筒筏子，即使克服重重困难，进抵那处远看像城的遗存，面对的也只能是失望。

黄文弼先生90多年前虽然因大水围困，没有能进入楼兰古城之中，但他在觅路过程中，在湖北岸还是发现了多处不同时代的古墓地，收集了不少文物。尤其重要的是他发现的土垠——汉居卢訾仓遗址，对学术界认识丝绸之路、西汉王朝政府经营楼兰的艰难是很重要的贡献。

关于土垠遗址的准确位置，黄文弼先生在其《罗布淖尔考古记》中曾有经纬度说明。可能受测量条件局限，数据稍有差误。我在土垠遗址区中心，曾利用地球卫星定位仪（GPS）测定，它的经纬位置是东经90°12′30″、北纬40°46′30″。遗址居于罗布淖尔湖北岸一处伸入湖湾的半岛上，东、西、南三面环水，北面通陆，但雅丹屏列。在南北长约110米、东西宽80米至100米的范围内，是地势比较开阔的广场，南北端有濠沟用作防卫。广场西部高耸一列土堆，土堆上至今仍可见斜撑出的房梁、立柱，直径最粗达30厘米，木材至今不朽。其下为五间南北一线铺展的半地穴式房屋，内有粮食存留。与这一列土堆相对，稍偏东北，为另一土台，可见木柱、麦草、麻布、土坯。土坯规制为长40厘米、宽20厘米、厚15厘米。说明这里当年也是一区建筑。广场南部，黄文弼曾见过一间土屋，并在其中掘获一支汉简，但久经历风吹蚀，现在已难寻觅痕迹。在土垠向北二三公里处，有一条古道遗迹，在坚硬的盐层之间，轮辙留痕十分光平，方向自西南斜向东北，"蜿蜒屈行，或在山坡，或在平地"。而古道两旁，时见散落的汉五铢钱、铜饰件及玛瑙等物。发自玉门，西诣龟兹（今新疆库车地区）的古代交通路线，若可寻觅。土垠居于这一东西干线之旁，它的出现、兴衰，是与这条古道紧密联系在一起的。

黄文弼先后两次在土垠工作，共发掘得西汉时期木简72支，大量五铢钱、青铜镞及铁、木、漆杯、毛麻织物、丝织物等共600多

○ 土垠全景（摄影者：殷离）

件，中原戍边健儿们在西域边疆生活的情景，可以由此而约略窥见。

　　自汉武帝制定通西域的战略后，在西域发现的汉晋时期汉文木简、纸文书数量不少，但明确有西汉纪年的文字的木简，却只见于土垠。这72支木简中，纪年最早为汉宣帝黄龙元年（前49）；最晚为汉成帝"元延五年"，这时已改元为绥和元年（前8），但西域不知，还沿用旧年号。表明在公元前1世纪后半期这42年中，土垠曾是西汉王朝政府重点关注、建设的所在。这一时期，匈奴日逐王已降汉，匈奴在西域势力极度削弱，西域都护新置，治所就在轮台境内的乌垒城。西汉王朝在西域大地的政治、军事影响如日中天。土垠，作为中原与西域联络干线上的一个重要后勤基地，作用不同一般。细细辨读木简上残留的文字，涉及了西汉王朝政府在西域设置

的吏员，如西域都护府下的军候、左部左曲候、左部后曲候、右部后曲候、伊循都尉，甚至关乎乡里教化、治安的基层小吏"三老"，都留下了痕迹。其中一简说，原交河曲仓的官员，一个叫"衡"的守丞，曾行文到"居卢訾仓"。大量简文表现土垠守吏循规蹈矩，一日日送往迎来，相当繁忙，接受过他们服务的客人很多：在"丝路"上驰骋的官员，"龟兹使者"，检察西域吏治的"督邮"；甚至由关中地区调发到西域承担屯戍任务的人员，如"××里乘史隆"，他的家属、畜产、衣服、器物均登录在册，"应募士长陵仁里大夫孙尚""小卷里王获""士南阳郡南阳石里宋钧亲"及他的妻子"玑""私从者"等；土垠的守卫者还检查、登记在这条路上来去的马、驼，它们的齿岁、身高、官私属性。还有一简记录了突发事故，西域都护

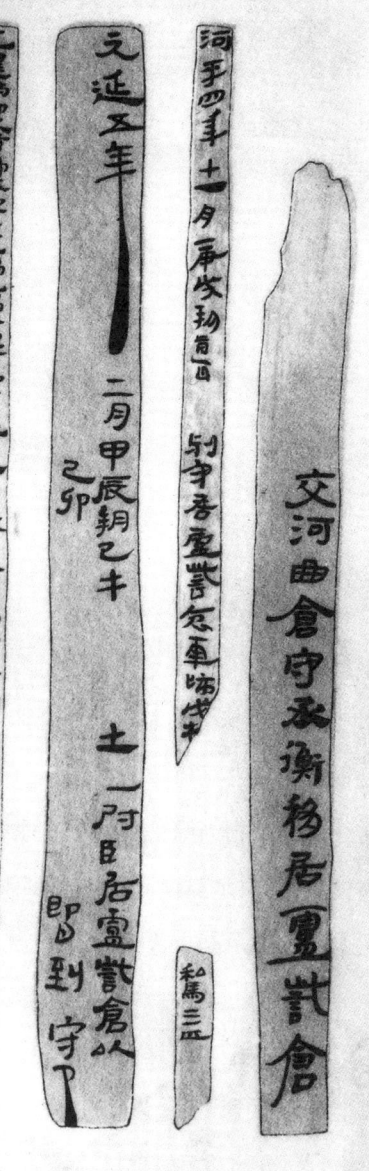

○ 黄文弼先生在土垠掘获的西汉简牍，简文上有『居庐訾仓』字样

下属左部左曲候的属丞陈殷，被乌孙流寇杀害，这引发了高度关注。更有守吏学习用的《论语》残篇……通过这些断简残文，清楚地看到了当年西域大地上实际展开的政治、经济、交通管理、屯垦戍边、文化教育等平平实实的生活画面。一切都有条不紊，严肃认真，透露着蓬勃向上的精神。

根据遗址地位、土台上列柱、草堆内长3尺多的苇草束，黄文弼先生曾认为这是一处烽火台。但据相关木简文字，及遗址地势极低、十分隐秘的特点，它实际难以承载烽燧使命，而应该是简文涉及的"居卢訾仓"。只是它当年除了作为仓储，还承担着管理交通、邮传、接待往来使节的任务。

2000年，我在土垠考察时，在土垠西侧罗布淖尔湖堤岸边，发现不少加固堤岸的木杆，直径约3厘米，斜插入土中。在西侧湖岸中部，还有一段长约30米、宽约3米、高0.4米的土台，略近矩形，傍近湖水。将这两组遗迹联系起来考虑，说明这是一个不大的湖畔小码头。为使土岸不致在湖水的浸迫中崩塌，所以用木杆插入土中加固，以保证码头的坚固。这一分析如不错，则可以得到另一个推论：土垠之所以偏离东西交通干线，而居于深入湖水中的半岛顶端，是因为它除了有仓储功能，还利用罗布淖尔湖进行水路运输。自土垠入罗布淖尔湖斜向西南，可以抵达楼兰，这与自土垠向西折南、穿越交通异常困难的雅丹地形才能抵达楼兰相比，更为便捷。而自土垠向北，联络上东西交通干线后，与敦煌、高昌、轮台联系也甚得其便。有一个实例，西汉时，乌孙一度局势不稳，汉王朝应变，制

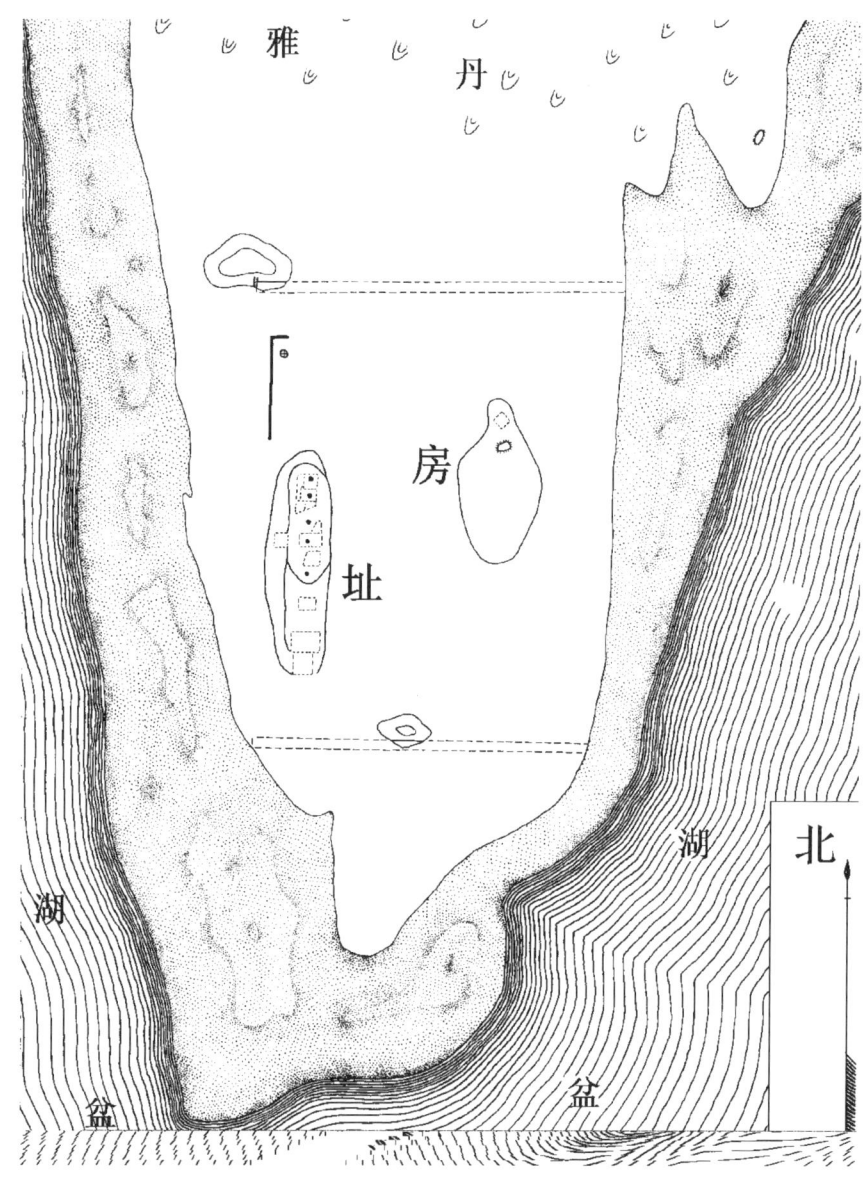

雅 丹

房 址

湖 湖

盆 盆

北

○ 黄文弼先生所绘土垠遗址平面图

○ 土垠码头，箭头处为居卢訾仓水运码头遗迹

订军事行动计划，汉将辛武贤立即考虑，首先要在居卢訾仓屯粮，
作为后勤补给中心，说明了土垠交通地位的重要。

黄文弼先生发现土垠遗址，使学术界对楼兰王国政治、经济、
交通状况的认识进一步深化。在当年的特殊情况下，黄文弼未得直
接步入楼兰城中；但他发现并简单发掘了的土垠，有西汉纪年的木
简，他在楼兰考古研究上的奉献，却并不比进入楼兰者逊色。

新中国学者迈入楼兰

中华人民共和国的考古学者，直到20世纪70年代末才有机会走
上楼兰考古的历史舞台。

考古，虽然只不过是发掘着远离现实的古代历史遗存，但是，它确实又与现实的政治、经济生活紧密关联。

作为一个考古工作人员，我自1960年离开母校北大来到新疆以后，对20世纪初叶因发现楼兰而引发的西域古代文明研究自然并不陌生，也不会丢在脑后。但是，直到1978年，一件看似偶然、实际并不偶然的事情，才突然把楼兰考察放在了我的面前。

这年夏天，一个电话把我请到了新疆军区招待所。原来，中央电视台与日本NHK准备合作拍摄大型系列电视纪录片《丝绸之路》。郭宝昌、屠国壁等一行，作为先遣人员来到乌鲁木齐，踩点、设计拍摄路线，请我参与其事。拍摄《丝绸之路》，当然不可能没有楼兰。于是议定，我们新疆考古人员负责找到20世纪初斯文·赫定、斯坦因、橘瑞超等曾经考察，并取走过大量文物的楼兰城，用摄影镜头向世人展示今日楼兰城的真实景象。当然，最好还能找到他们报道过的楼兰美女，让世人可以一睹古楼兰人的风采，满足数十年来挥之难去的悬念。先遣人员则负责向有关部门办理进入罗布淖尔禁区的手续。

正是根据这一安排，我在1979年底，率领一支考古队进入罗布淖尔湖西北、库鲁克塔格山南麓孔雀河下游河谷，力图调查并发掘早期罗布淖尔居民的墓葬，力求找到古代楼兰居民的干尸，以解世人对古代楼兰文明模糊而又遥远的思念。

这次活动的最重要成果是在我们的艰苦努力下，终于在孔雀河谷寻觅到并科学地发掘了一处青铜时代古墓地——古墓沟，也就是至今仍被世人津津乐道的"太阳墓"。古墓沟发掘的最大贡献，是将以往只要是发现在罗布淖尔的文物都被戴上汉楼兰帽子的简单化认识向前推进了一步。它告诉人们，罗布淖尔大地，同样经历过久长的开发；古墓沟，则是在距今差不多4000年前的青铜时代罗布淖尔人留下的痕迹。它使人们对罗布淖尔荒原古代文明的发展链环，有了更清楚的概念。在古墓沟发掘的同时，考古队还派出一支小分队由发掘工地向东转南，徒步穿越了罗布淖尔湖北岸的风蚀土丘地带——龙城雅丹，抵达了已在厉风吹蚀下难以清楚辨析的楼兰古城。古城土筑墙垣虽早已残损不全，但断续相继的土垣仍依稀可寻，当年仿自黄河流域的方形城圈，大略还可以复原。古城东南角近10米高的佛塔依然屹立。只是残破的塔身、中部的裂缝，不能不使我

○ 屹立至今的佛塔残破之身

们立即想到斯文·赫定刊布的照片上，它被粗暴地挖掘、灰土高高扬起的情景，它真可以算是新疆人民命运的一种象征。历经了那么多的劫难、不幸、摧残，在那么恶劣的生存条件下，但还是高昂着头、岿然不动。

佛塔西南的三间土坯房同样基本完好，三间房前部纵横狼藉的巨型木枋、柱梁……满溢劫后的悲凉。20世纪初，主要就在这片地区，斯文·赫定、斯坦因、橘瑞超们曾经搜掠去了大量汉晋时期的汉文简纸文书，少量佉卢文文书，汉王朝的五铢钱、丝绸、毛布……并在这一基础上构造出鸿篇巨制的著述。60多年后，中国学者终于走进了这片虽属自己，却那么艰难才得以进入的土地，那种复杂的感受，真难形之于笔墨。

这里，还有几位充满探索和研究精神的学者不能不提，他们因进入罗布淖尔十分不易而临时成了新疆考古队的编外人员，其中主要有后来在罗布荒漠中不幸牺牲的学者彭加木，继后高擎罗布荒漠多学科综合考察大旗的沙漠学家夏训诚，著名历史地理学家黄盛璋等。因此，在一定程度上可以说，1979年，一个偶然机缘向我们开启了罗布淖尔荒原考察研究之门，实际开启了中国学者迈向罗布淖尔地区多学科研究的新阶段。

1980年春，在中央电视台支持经费，试验基地官兵负责运输、导引的情况下，新疆考古研究所的考古工作者分两路进入楼兰。一支由敦煌出发，过玉门关，循疏勒河西进，过羊塔克库都克、库木库都克、风蚀土丘林，过三陇沙、龙城雅丹，自干涸的罗布淖尔湖，

○ 1980年，新疆考古研究所考察队徒步进入楼兰城

由北向南进入楼兰；一支则循1979年已经调查过的路线，先期进入楼兰进行考古发掘，为即将开拍的《丝绸之路》电视纪录片中的"楼兰"专集准备拍摄现场。

　　时隔9年后的1989年，应日本画家平山郁夫先生的邀请，我陪同他在楼兰古城中活动了3天。平山郁夫先生后面，是朝日新闻社的支持。这次访问楼兰，气派是空前的：我们在库尔勒市登上了租用的直升机，沿孔雀河谷向东飞行，河道曲曲弯弯，河谷两岸胡杨林相继。我们从一个全新的角度，俯瞰着楼兰的母亲河——孔雀河下游的风光，只用了一个多小时，就到了楼兰古城的上空。从低空盘

○ 1989年，王炳华（右一）陪同平山郁夫（右二）夫妇在楼兰古城

旋的飞机舷窗下俯视湮没在被厉风撕裂的道道土垄之中的楼兰城，城中孤悬的佛塔、让人感到苍凉的三间房，更其强烈而具体地感受到曾经在这片土地上留下的岁月沧桑。当年丝路上的重镇、名城，由于4世纪后失掉了林带的掩蔽，不过一千五六百年的岁月，已被撕扯得满目疮痍，难觅一点当年的景象。

直升机降落点，选择在古城西北一块稍稍平坦的台地上。在把人、装备、给养卸下后，直升机随即飞回了库尔勒，约好3天后再来把我们接回去。

这3天，最大的收获是在汉晋西域长史府废墟下，见到了更早的人类活动遗迹：草屑、炭屑、兽粪、破毛布片，等等。它们深埋在

○ 1989年，王炳华乘直升机考察楼兰城

1.2米至1.3米的地基下，证明比现存汉晋建筑更早，楼兰城内确实还曾有过早期的人类活动。近一个世纪以来，自国学大师王国维先生开始，就有一个十分合理的诘问：目前人们认定的LA古城如果确是楼兰都城，为什么地表多是东汉以后的遗物，而不见作为楼兰王国都城应有的西汉时期或较西汉更早时期的文化遗存？而如今，在有限存在的几处建筑基址下，我们确实觅见了叠压其下的早期遗存，这就为楼兰城可能早在西汉时期就已存在提供了多一层的证明。唯一的遗憾是我们当时无法在这一叠压地层所在的位置进行细致的发掘，只能留待今后了。

在楼兰古城中的3天生活急促而漫长。说其漫长，自每天天色微

○ 三间房故址下发现早期的文化层。三间房，是汉、晋时期西域长史的驻节地，出土过相当数量的东汉、晋时的简纸文书，未见西汉时期的文字，学界每每以此质疑西汉楼兰王国都城应与这一城址无关。王炳华在楼兰考察中，发现在三间房遗址下深 1 米多的地层内，有用火炭屑、畜粪、碎骨渣、草屑等物，说明在东汉、晋以前，古城内确有早期人类活动。图为王炳华对早期文化层观察、取样的情形

明起，至昏暗难见遗址、遗存细部特征时止，每一个参与这次活动的人，几乎每一分钟都是在不停息地观察着古城的每一区断垣、立木，观察着古城四周环境，大量的、新鲜的、十分具体的素材，将每天的生活填充得满满实实，每个人都感觉，离开熟悉的人间世界，进入这荒无人烟、已化成一片死寂的 2000 多年前的古城中已经很久很久。但正当你进一步地观察时，组织者又催促着赶快收拾好自己的背囊，直升机就要到达楼兰的临时机场了，于是只得带着许多新的问题、新的悬念匆匆离去。

　　同样是在1989年，我曾在阿尔金山脚下的米兰河畔，寻觅鄯善、伊循屯城的遗痕。工作过程中，难以忘怀的一件事是：当地学校老师面告，说在佛塔回廊底部地面，好像有壁画痕迹。我们认真观察现场，发现老师所言不虚，当即开了一条长2米、宽1米的探沟。开掘不久，残损过甚的壁画遗痕就显露了，清理到深1.5米时，我们不仅看到了一块大致完好的有翼天使图形，其下的立佛双足、已不完整的莲座，也都慢慢显现。面对新见的壁画画面，我脑海中浮现出斯坦因、橘瑞超们当年切剥这些壁画的情景，难抑万千感慨。在风沙弥漫中，对壁画摄影后，立即用原土十分小心地将相关壁画慢慢覆盖，希望在技术条件成熟时，能在现场对有关壁画进行比较理想的保护。在离开米兰农场时，我曾将这类壁画的无以伦比的价值、必须妥善保护的意义，十分认真地向有关管理人员做了说明，希望上述设想有一天得以实现。只是，在经过这几十年的风风雨雨，各地均见以盗掘文物发家致富的不肖子孙后，已难揣想它们会有怎样的命运。

　　自1989年访问楼兰之后，新疆考古工作者又不止一次、不止一批地到了楼兰，到了楼兰古城周围的荒漠大地，配合石油部门进行物理勘探，对一些大型旅游团体实施监护，对一些令人痛心的盗掘破坏活动进行事后调查……每进入一次，都有新的感受、新的体会及或大或小的收获。

　　2000年3月，是楼兰古城被发现100周年。为了从楼兰的兴起、沉落中汲取历史、文化的营养，从生态极度恶化中吸取教训，加强对楼兰的保护，楼兰古城所在的巴音郭楞自治州人民政府、巴州楼兰学会邀请相关国内外学者及中央电视台等新闻媒体，组织了连后勤保障人员在内共51人参加的楼兰考察队，这可算得上一次最大规模的楼兰、罗布淖尔考察活动。我以学术顾问身份参与了此事。同年底，为更深入认识罗布淖尔的早期文明，我再一次率领一支11人的科考队，徒步进入了孔雀河下游的小河五号墓地。在2000年进行的这两次科考活动，给我对楼兰的研究计划暂时画上了句号。

○ 佛寺回廊中仍可觅见一点有翼天使的残迹（摄影：王炳华）

楼兰是汉代西域历史上最敏感的神经

楼兰，是古代西域具有重要地位的一个王国。但文献记录中，有关楼兰的资料出现得相当晚，而且数量很少，很难根据那有限的文字资料，勾画清楚古代楼兰的面貌。如"楼兰"这个国家的名称是什么意义？它何时立国？何时灭亡？统治地域有多大？王国子民们的种族、语言、信仰，物质资料生产，与周邻地区的关系等，在文献记录中，都难以寻求到比较具体的概念。

有关楼兰的信息，最早见之于汉文。在公元前2世纪完成的司马迁的《史记·匈奴列传》中，收录了一封匈奴冒顿单于在公元前176年写给汉文帝刘恒的信。信文相当长，其中一小段文字涉及楼兰："今以小吏之败约故，罚右贤王，使之西求月氏击之。以天之福，吏卒良，马强力，以夷灭月氏，尽斩杀降下之，定楼兰、乌孙、呼揭及其旁二十六国，皆以为匈奴。诸引弓之民，并为一家。"冒顿宣布的这件事，在西域历史上关系相当重大。呼揭，地处哈密至阿尔泰山地区；乌孙，领有伊犁河流域广大草原；而楼兰，则控制着罗布淖尔广大地区。重点指出这三个王国，旁及附近的二十六国（或为三十六国），实际上是向汉王朝宣布：汉王朝西部的广大世界，都已经是匈奴为首的游牧民族的天下。汉王朝的西、北两面，已经面临着匈奴的包围，对匈奴必须另眼看待了。出于这个目的，信文难免

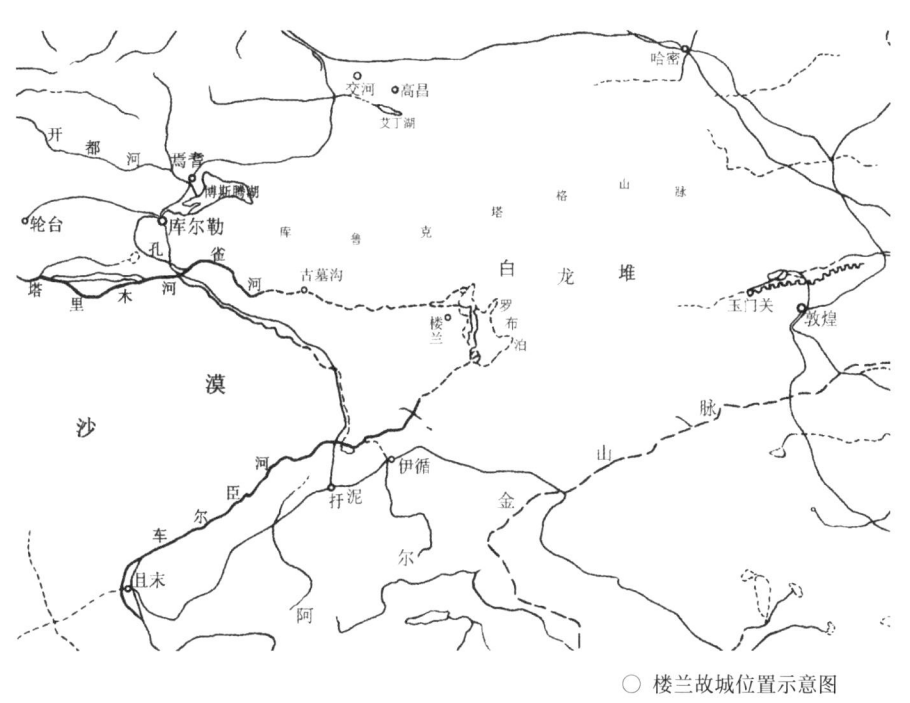

○ 楼兰故城位置示意图

有夸耀战争胜利的成分，如匈奴的宿敌月氏，冒顿宣称已被彻底消灭，而实际上，月氏只是在匈奴军锋的打击下，受到一次严重挫伤，有生力量还是辗转迁徙到了阿姆河流域，并在稍后建立了称雄于中亚的大夏王朝。但从这一时期起，匈奴取代月氏，成为西域大地的霸主，楼兰、车师等国，开始处于匈奴王国的统治之下，政治、军事上依附于匈奴。冒顿在宣扬统治了西域大地上二十几个国家时，特别列出楼兰、乌孙、呼揭，可以说明楼兰在这一批小王国中，地位还是比较重要的。

"楼兰"是张骞、司马迁完成的汉文音译。从后来考古发现的佉卢文资料看，楼兰人自称为"kroraina"，既是族名，也是国号，翻译成"楼兰"不仅音读与"楼兰"契合，而且文字也相当美，既信且雅，可以说是一个高水平的译称。而关于楼兰的统治地域，一般看，主要就在新疆东南部的罗布淖尔荒原，距河西走廊最近。具体点说，就是敦煌之西、阿尔金山以北、库鲁克塔格山之南，西至尉犁一带。从政治、经济、军事实力看，楼兰，只能算是弹丸小国，不能与汉王朝、匈奴王国相比匹。但她所领有的土地、控制的地域差不多有近20万平方公里，与浙江、江苏两个省的面积大略相当，可以说相当辽阔。难以令人如意的只是大部分地区都是沙漠、荒漠、风蚀土丘，适宜人类居住的地方也只有塔里木河下游、孔雀河下游，车尔臣

○ 孔雀河下游，当年的绿洲，今天已成为荒漠

河、米兰河等河流的河谷及尾闾三角洲地带，只有这些地区内才有水草，有荒漠植物构成绿洲。河谷两岸地势平坦地区，引水浇灌比较方便，可以进行畜牧业及少量农业生产。在《汉书·鄯善传》中，说到楼兰的自然地理环境，用的文字是"地沙卤，少田，寄田仰谷旁国。国出玉，多葭苇、柽柳、胡桐、白草。民随畜牧，逐水草。有驴马，多橐它"。从这些年楼兰的考古调查、发掘资料看，就说畜牧业一项，饲养的牲畜，从出土的兽骨、兽皮、兽毛分析，最多的

主要还是羊、牛，它们是当年楼兰居民主要的生活资料，吃其肉、衣其皮，一时一刻也不能离开。可文献中却一个字也没有提及。也许这在当时人们的概念中，认为是太普通、太平常的事，不必道及的。但时隔2000多年，就产生了一些误会。

在公元前2世纪后期，张骞出使西域返回长安后，带给汉武帝的主要情报是有关楼兰王国的政治、军事情况。说楼兰和姑师（即车师，原名姑师，在今吐鲁番盆地）一样，国家虽不大，也有城市，这些城市的位置靠近罗布淖尔湖。最主要是它们正好控扼着汉王朝交通西部世界的孔道，地理位置冲要。由于楼兰亲附匈奴，所以对汉王朝多次派赴西域的使臣如王恢等都曾加以留难。在准确掌握汉王朝使臣的行进路线后，往往还"为匈奴耳目"，向匈奴告密，"令其兵遮汉使"，掠取使团随身携带的礼品、资财，令使臣的任务不能完成。

匈奴，是我国古代多民族国家中的一个成员。西汉初，匈奴王国势力强大，在冒顿单于的统率之下，"控弦之士"有30余万人，不仅据有着蒙古草原、西域大地，而且利用西汉初长期战争后的国力疲弱，势力向南扩及今华北地区，抵达河北、山西、陕西北部。西汉都城长安，不时笼罩在匈奴铁骑扬起的征尘之下，构成西汉王朝的心腹之患。

○ 楼兰城内古址之一

经过六七十年的休养生息，到汉武帝刘彻即位时，西汉王朝国力已比较强大，对长期在"和亲"名义下对匈奴的献纳再难容忍，决定对匈奴的不断侵扰、劫掠实施反击。为了完成这一战略任务，刘彻第一步是派张骞先后两次出使西域，寻求联络月氏、乌孙，击破匈奴对西域的控制，从东、西两面对匈奴进行军事反击。而顺利实施这一计划，首先就必须处理摆在眼前的楼兰、姑师王国多方阻挠汉使、做匈奴耳目的问题。

汉王朝对楼兰第一次用兵，大概是在公元前109年。这一年，刘彻命令赵破奴率领数万军兵，向阻抑汉通西域的姑师、楼兰发动进攻。为此，赵破奴的副手王恢率领一支精锐骑兵700人，先期到了楼兰，出其不意、攻其不备，一举俘虏了楼兰王。姑师自然也不是汉朝远征军的对手，很快归顺了汉朝。这一次战役，汉王朝获得全胜。公元前108年，赵破奴、王恢胜利班师，回到长安。赵受封为浞野侯，王恢受封为浩侯。

王恢在汉朝前期，尤其是在汉王朝与楼兰的政治、军事交涉中，是关键人物之一。公元前109年征讨楼兰，俘虏楼兰王，他曾十分注意分寸和方法，并没有因为此前多次出使西域，在楼兰受过攻劫而积下私怨，利用战争之机加害楼兰王，而是在军事力量做后盾的前提下，因势利导，向楼兰王充分说明利害。历史文献上虽没有记录下相关细节，但从后来的发展可以看到，这场战争后楼兰表示要改弦易辙，归降汉王朝，朝贡纳献，这自有王恢的功劳。楼兰这一反正，对匈奴的利益造成了损害，立即又遭到匈奴的报复，匈奴很快就发兵征伐。身处在汉与匈奴之间的楼兰，势小力弱，无力与汉、匈抗衡，无奈只能两边都不得罪，两边都买好。首先，让两个王子，一个为质于汉，一个为质于匈奴。在匈奴要求时，也给他们提供汉王朝的消息。汉武帝对楼兰王这种两面派的态度不满，派人把他押到长安，当面诘问。他回答得也极其坦率，"小国在大国间，不两属无以自安"，如果汉王朝不能谅解，则楼兰"愿徙国入居汉地"。这一回答实实在在，汉武帝刘彻仔细想来也有道理，因此没有对楼兰过分苛责，只是让楼兰多提供匈奴的相关情报。这一来，反倒收到了好的效果，匈奴对楼兰也不怎么相信了。

向汉王朝、匈奴都派遣质子，这是一个十分明白的政策宣言。王子，在以父系为王位继承传统的楼兰，他们的地位明显不同于一般人，随时有可能成为新主，主宰王国子民的命运。将王子送到汉王朝、匈奴，这既表示着一种臣服；另一方面，质子在异国生活，观察、体验、吸收营养，在明天的楼兰政治生活中，就有可能选择最有利于楼兰的政治路线。对汉王朝、匈奴王国讲，质子在自己的政治中心长时期生活，潜移默化，完全可以培养成自己的亲信。他们归国继位，有可能实施对自己更有利的政策。从这一角度去分析，匈奴在对待楼兰质子的方法上，要高于汉王朝一筹，取得了比较好的效果。

公元前92年，楼兰王病逝，楼兰人本来希望借此进一步密切与汉王朝的关系，所以立即派人到长安，请求让在长安为质的楼兰王子回国继位。不料这个楼兰王子在长安时并不安分，犯过法，最糟的是，还受到了"宫刑"，王子遭阉，实在无法让他回去继位，只能推托说汉朝天子对他特别喜爱，不愿意让他回去，就另立新王吧。这自然就让在匈奴为质的王子继承了王位。新王继位，还是老办法，一个王子为质于汉，一个王子为质于匈奴。不久，这位新立的楼兰王也病死了，亲匈奴的楼兰官员，这次是先向匈奴通风报信，匈奴先下手为强，立即把质子送回到楼兰，继承了王位。经过这两次王位继立，匈奴抓住时机，大大增强了在楼兰的影响力，楼兰王国上层统治集团日益亲信匈奴，政治上明显向匈奴倾斜。汉王朝面对这一情况，力图挽回颓势，于是诏令新继位的楼兰王到长安，面谒汉朝天子。这一措施却又遭到楼兰的婉拒，找的理由很正常，说起来还冠冕堂皇，这就是"王位新立，形势不是十分稳定，难以离国远行，待两年后一定前去长安朝拜天子"，楼兰远汉而亲匈的倾向已经相当清楚地摆到了桌面上。

楼兰从在汉、匈之间保持平衡，到远汉亲匈的政策变化，在一定程度上也得到楼兰百姓的支持。普通群众，往往只能从自身的直接利益来掂量一件事情的好坏。自王恢攻破楼兰，楼兰中立，不再阻抑汉通西域和中亚的使节、商旅往来，汉朝通过楼兰西使的人员较前大大增加了，而穿越白龙堆风蚀土丘林的道路又十分难行，楼兰人民承担着"负水担粮"、向导前行的劳役负担，十分辛苦；遇上供应不及时、缺水少粮的情况，汉使的吏卒还有掳掠百姓、强索粮食蔬果等生活给养物资的行为。这类扰民的坏事，传得非常快，一传十，十传百，自然也增加了楼兰人的反感。实际的劳役，不胫而走的宣传，汉朝使节、商旅的往来，逐渐成了楼兰人民物质、精神上不愿忍受的额外负担。这种形势促成、推动的事情，就是在汉朝使节、商旅经过楼兰时，不断有人向匈奴报告，于是又发生了不止一次的匈奴派骑兵袭击、杀害汉朝使节和随从的事件，一波一浪，这又极度激化了汉王朝与楼兰的矛盾，一场新的事变因而逐步酝酿、产生。

楼兰王安归（也有写作"赏归"者）的弟弟尉屠耆，因为统治

○ 楼兰出土的晋纸质汉文残文书。新疆考古学者于二十世纪八十年代在西域长史府西南垃圾堆中新获汉文书，字迹漫漶不清

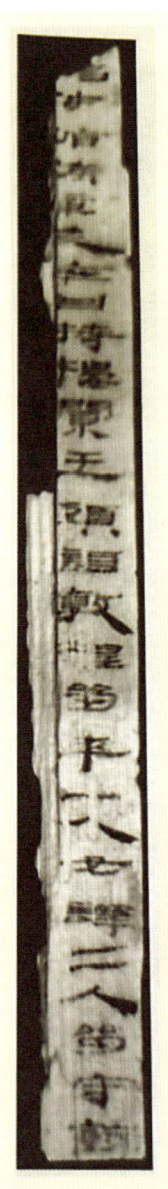

○ 图为居延汉简的红外线摄影图。简上的文字为『诏伊循侯章□卒日持楼兰王头诣敦煌留卒十人女译二人留守□』（原件藏台湾『中央研究院』历史语言研究所，编号为 A35 大湾出土居延简 303.8）。对坚拒西汉王朝开拓西域大地的反对者，汉王朝在再三隐忍、不获改变时，采取了强力镇压的手段。沿途示众，最后悬于长安城北门的『楼兰王头』，是向世人庄严警告示这一政策的图景

者上层的内部矛盾，离开楼兰到了长安，自然也叙说了安归亲附匈奴，不支持汉王朝通使西域，并配合匈奴拦截甚至杀害汉朝使臣等背汉亲匈的事情。这些因素，最后促成了一个完整的、改变楼兰政治现状的计划。计划的提出者是傅介子，批准人是当年掌握王朝军政大权的大将军霍光。傅介子曾经作为汉王朝使臣出使过西域，对楼兰、龟兹等丝路沿途王国的反复无常深有体会，对这些王国内部的情况也比较了解。于是他计划：以赐赏西域绿洲城邦为名，到龟兹，用黄金珍宝引诱龟兹王上钩，伺机行刺。龟兹是西域大国，可收杀一儆百之效。只要龟兹王授首，对楼兰、姑师等一直反反复复阻抑汉通西域大计的统治者就是明确的警告。整个计划，处处

都透露着汉王朝的霸气。

霍光基本同意傅介子这个冒险家的建议，只是在细节上做了修正：龟兹距汉朝太远，可以先在楼兰做试验。楼兰王国距汉王朝近，便于呼应；楼兰力量弱于龟兹，容易制伏；现任楼兰王安归与其弟弟尉屠耆彼此矛盾，一旦行刺得手，可以更立尉屠耆为新王，便于稳定楼兰国内局势。

这一计划在西汉元凤四年（前77）正式付诸实施，一场决定楼兰王国前途命运的大事终于展开。傅介子带了不多的士卒，满载金银财宝及丝绸锦绣西行，故意放出消息，这次奉命出使，任务就是赐赏西域各国。到了楼兰后，不意楼兰王并不为之所动。汉王朝对尉屠耆的支持，大概也使楼兰王心怀狐疑，因此，他态度相当冷淡，不与傅介子见面。傅介子只好故作姿态，离开楼兰西行。楼兰王让人礼送出境、观察虚实。傅介子在这一过程中，有意让楼兰官员看到随身带着的"黄金锦绣"，并说，既然楼兰王不愿接受这些赐赏，只好向下一站行进了。消息很快反馈到楼兰王处，安归最终还是受不住这些"黄金锦绣"的诱惑，赶紧来见傅介子。傅介子见安归前来，格外热情，一面命令随员把各种宝物陈设出来，同时又命人准备了酒宴。傅介子有意，安归无心，开怀举杯下"饮酒皆醉"。安归这时已没有了任何警惕性，傅介子又以还有要事面商，把安归一个人带进后帐。早已埋伏在此的壮士"从后刺之，刃交胸立死"。安归带来的官员、贵族面对这一事变，完全乱了阵脚。傅介子抓住时机，大声宣布安归往日背叛汉王朝，不止一次接受匈奴指使，拦截、杀害汉朝使臣，如汉王朝卫司马安乐、光禄大夫忠、期门郎遂成等三批使臣，就死在了安归的命令之下。此外，安归还指令杀害安息、大宛等国前往汉朝的使臣，盗取他们的印信、贡物，罪行严重，难以轻恕，所以汉朝才决定处死他。这些罪行，概由安归一人承担，与他人无涉。从楼兰国的利益考虑，汉朝已决定派现在长安的安归弟弟尉屠耆回国继承王位，而且，汉朝大军就在不远处待命，谁要轻举妄动，就会有灭顶之灾。傅介子软硬兼施，一番大小道理，立即稳住了楼兰形势，尉屠耆随后也平稳地继承了王位，安归的脑袋则被傅介子带回了长安，悬于长安北门门阙，用以昭示进出北门的西域各国使臣、商旅："阻抑丝路交通，背叛汉王朝，下场会像楼兰王安归一样。"傅介子不烦师众、兵不血刃地解决了这么一件大事，被封为义阳侯。

公元前77年，由霍光、傅介子导演的这出楼兰王位更迭活剧，揭开了楼兰历史全新的一页，完全改变了楼兰古城的历史地位。楼兰王国政治、经济中心原处于孔雀河尾闾，是出敦煌、三陇沙荒漠，进入孔雀河谷西行的关键地段。安归授首，楼兰败亡。楼兰王国都城变易为汉晋王朝的西域长史驻节地、屯田基地。楼兰王国更名为鄯善，其政治重心，自此转移到了阿尔金山脚下的扜泥城，即今天的若羌绿洲。

楼兰王国迁都扜泥

再说尉屠耆在安归授首后回罗布淖尔当上了楼兰王，亲附汉王朝是尉屠耆十分明确的指导思想。但是，匈奴军事力量十分强大，其僮仆都尉就驻节在西边不远的开都河谷，当然不能也不会容忍在进入西域的交通路口，出现一个完全投靠汉王朝、敌视自己的异己力量。它会运用一切可能的手段，直至军事干预改变这一不利的形势。

面对这一矛盾，尉屠耆的决策是迁都。楼兰国弱，匈奴铁骑越过库鲁克塔格山南下，或自孔雀河谷东行，很快就可到楼兰城门口。楼兰，军事上可以说是完全暴露在行动迅捷的匈奴骑兵的脚下。而把都城迁到罗布淖尔荒原的南缘，放在阿尔金山脚下的若羌绿洲，辽阔而交通困难的罗布沙漠，就成了一道难以逾越的地理屏障。

因此，尉屠耆上台后第一件大事，就是把都城迁到阿尔金山脚下的扜泥，改国名为"鄯善"。与之前安归执政的楼兰完全脱清了干系，表明彻底改弦易辙，要另行铺展历史的新页。

然而，楼兰这片地区在农牧业生产方面还有其优越性，自然也不能弃之于匈奴。在汉王朝交通西域的过程中，重要困难之一就是经过罗布淖尔这片地区时，存在严重的粮秣供应问题。由此，还屡屡导致汉王朝使节、商旅与地方小王国的矛盾，所以在决定楼兰迁

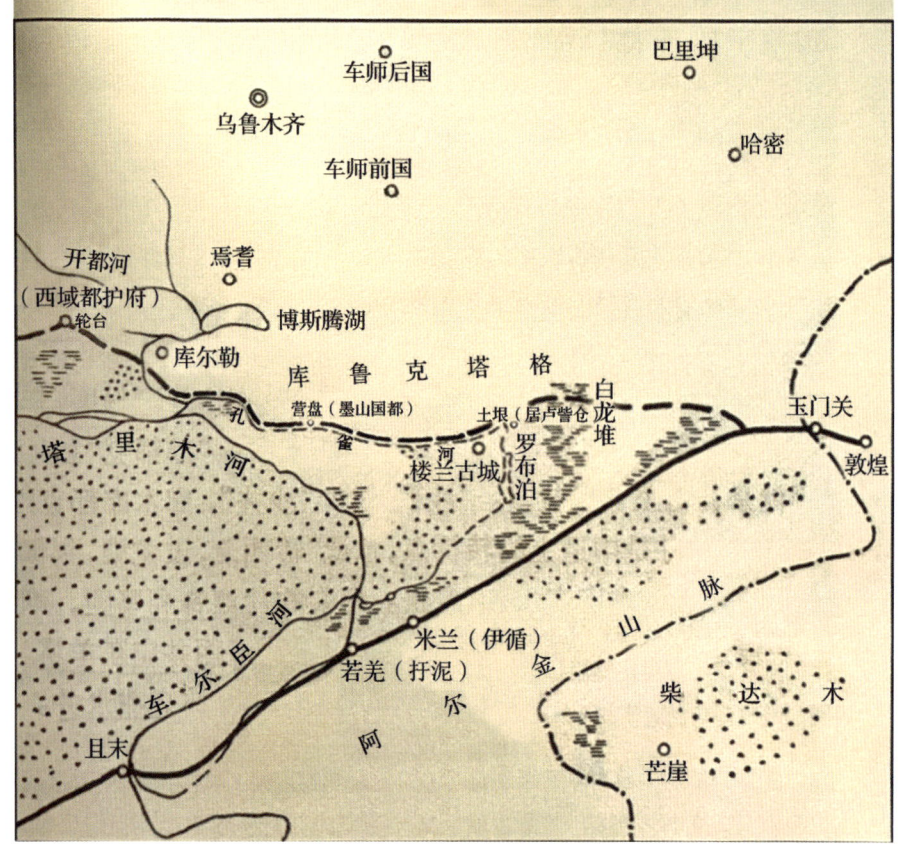

居卢訾仓地理形势图示

○ 居卢訾仓地理形势图。土垠（居卢訾仓），楼兰古城，处孔雀河谷尾闾，地近库鲁克塔格山，与匈奴紧邻。西汉王朝出敦煌，沿孔雀河谷西走，受匈奴、楼兰制约，矛盾重重。公元前77年，西汉灭楼兰，设鄯善。鄯善王国活动中心转移至阿尔金山脚下之若羌、米兰。在若羌河畔设扞泥城，在米兰河下游设伊循都尉屯田，与孔雀河谷空间有200公里的沙漠、荒漠隔阻，避开了匈奴的军事威胁，开拓了缘昆仑山北麓西走的丝绸之路南道，揭开了新的历史篇页

都的同时，汉王朝还有一个重要的决策，即在这片地区进行屯田生产，把楼兰故地建设成汉王朝交通西域的重要经济、军事、交通中心。在罗布淖尔湖北岸，设置居卢訾仓。屯田部队既是生产的力量，又是稳定楼兰、抗衡匈奴的屏障。

尉屠耆新建立的鄯善王朝，虽直接沿袭楼兰的衣钵，但又有了全新的发展。鄯善王朝的政治中心，是阿尔金山脚下的扜泥城。这里虽然土地较为瘠薄，不比楼兰，但也有若羌河的灌溉，沙漠田可以垦殖。自扜泥缘阿尔金山东行，可以交通河西走廊；自扜泥斜向东北，缘罗布淖尔湖东岸行，进入疏勒河谷，可通达敦煌；由扜泥入阿尔金山，通过南羌，进入祁连山，也可到河西走廊。在丝绸之路南道交通线上，鄯善王朝的枢纽地位并未丧失。另外还有一个好的条件是扜泥城的东边，有一条米兰河，同样源自阿尔金山。米兰河出山口处是一片比较平坦、肥沃的可耕地，《汉书·鄯善传》称这里"其地肥美"，只要引米兰河水下灌，荒漠即可以化为大片良田。这片地区汉代称为伊循。在汉王朝决定让尉屠耆返回楼兰继承王位时，尉屠耆对自己所处地位、形势、应对措施有一个比较实在的分析，他对汉王朝坦率地说明了自己的观点：自己已在长安待得很久，在楼兰没有势力，回去后身单势孤；而安归在楼兰经营多年，外有匈奴支持，内有亲信拥戴。现在，安归虽死，亲党还在，势力仍存，绝不会甘心权力就这样被剥夺，一定会尽全力组织反扑，甚至暗杀自己。因此，自己要站住脚跟，稳定统治地位，汉朝一定要派出一支部队驻扎伊循，屯田积谷，作为自己的后盾和依靠。楼兰国人看

○ 居卢訾仓仓址。居卢訾仓位于罗布淖尔湖北岸一处伸入湖湾的半岛上，三面环湖，北部通陆，面积110×80米。南北曾有土垾围垣，西部为一列土堆，其下五间一线布列的地穴或窖穴，内有粮食存留，表明曾用作仓储。出土木简中，有"……君坐仓受籴，黄昏时，归仓"等文字。官员当班收粮，与仓储活动可呼应

到汉朝有部队驻在伊循，人数即使不多，却表明了汉朝的态度，这就足以使态度摇摆的大多数人逐渐向自己靠拢。而且，驻伊循的这支部队，与楼兰屯田基地也可以南北呼应，保证通过鄯善、西向且末、和阗的交通路线的安全。尉屠耆的这一分析有理有据、切实可行，西汉王朝完全接受，并立即付诸实施。于是，在罗布淖尔荒原的南缘、阿尔金山北麓，出现了一个新的政治军事中心，一处新的屯田基地和农业生产中心。

1980年，水利工作者饶瑞符在米兰为今天的农垦生产进行水利灌溉调查，在已成废墟的唐吐蕃戍堡附近一片沙地上，发现了一处布局合理的古代灌溉渠系遗迹。由于长期废弃不用，地表已经看不出渠道。但当年堆在渠岸边的沙土却清楚地揭示了古渠的存在。古代灌渠的龙口与米兰河相连，引得河水后，通过一条长达8.5公里的主干渠自南而北，将水引入灌区。主干渠左右有支渠平直展开，支渠上下、斗、农、毛渠合理分布，密如蛛网。饶瑞符十分肯定地说明：今天，只要顺着这一古代灌溉渠系，把淤积沙土全部清除掉，立即可以恢复当年的引水功能，使灌区所在沙地变成一片新的绿洲。测算这片灌区的范围，不小于1.7万亩。尉屠耆关于伊循屯田的建议，与饶瑞符发现的已湮没在沙尘底下的古代灌溉渠系是完全切合的。

1989年秋，笔者缓步走过了这道微微隆起在沙碛上的古代渠堤，遥想2000多年前中原戍边健儿们在阿尔金山下这片沙地上举锹挖土，开渠引水，给沙地带来一片绿色的情景，并在相去不远的米兰河北

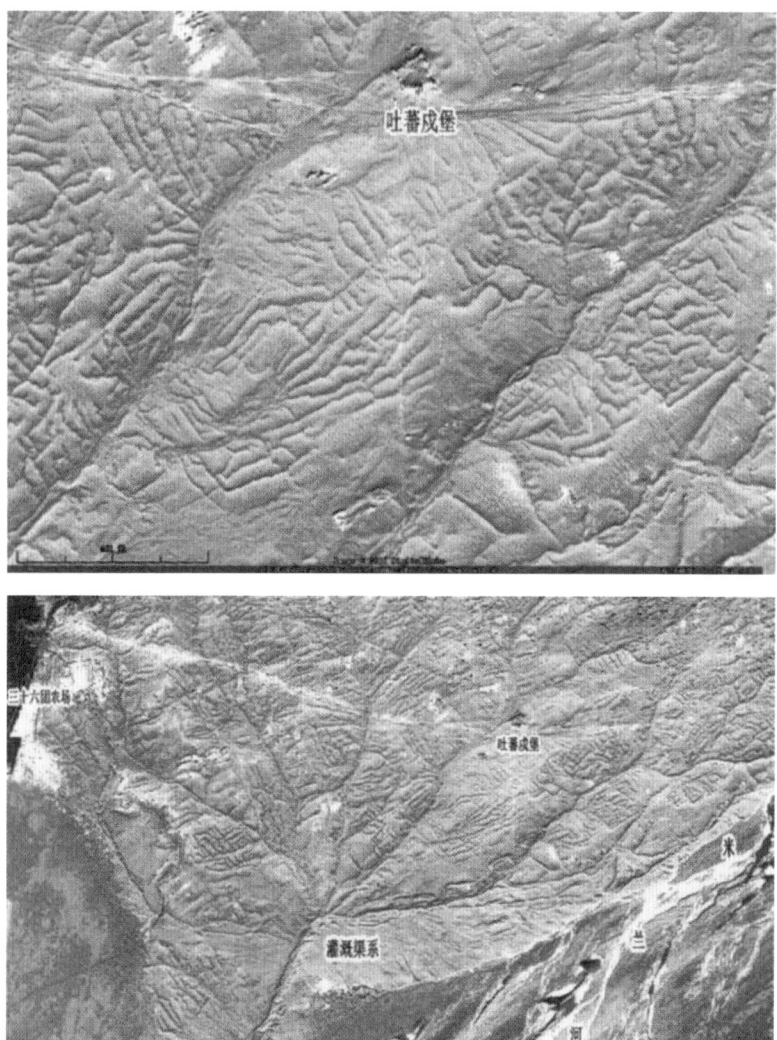

○ 伊循灌溉水系图

○ 伊循都尉城内出土之铁器（镰等）

○ 伊循都尉城内出土之五铢钱

○ 伊循都尉城内出土之铁镞等残兵器

岸第二阶地上，觅见了一处汉代戍边战士居住的城堡遗迹。城堡不大，在200×500米的范围内，陶片遍地，灰陶器表拍印细绳纹。这是汉代中原大地流行的装饰风格。在古堡内散落的灰陶片中，我们也采集到了西汉的五铢钱、汉式三棱形铁镞、铁质鱼鳞甲片、残断铁刀及其他铁器残片。个别盛水、储粮的大陶瓮仍然半埋在地下。出乎意料，在遗址区内，我们还看到了抛散的玉料，大小不等，以青玉居多。

也就是在这区城堡不远处的戈壁上，一个牧羊人曾经在草莽中采集到一件铜质镏金卧鹿。卧鹿左前腿前屈，右前腿后屈压在了身体之下，与同样前屈的右后腿相接，鹿角向后伸张，卧姿安适自然。这类镏金铜鹿，在内蒙古鄂尔多斯草原上，曾多有所见，是战国至西汉时期匈奴人的作品，也是匈奴武士们祈望带给他们安宁和幸福的吉祥物。不知是一场怎样的变故，也使它失落在了伊循屯地的草丛之中。尉屠耆视为安全保证的伊循屯田渠系，汉王朝戍边健儿们的城堡，匈奴武士的卧鹿，彼此相邻而栖，留下了距今2000多年前这片土地上曾有的烽火硝烟的痕迹。如今，不论战马的嘶鸣、漫天的征尘、报警的烽烟，还是屯地上丰收的欢乐、渠道边绿色的阴凉、地头轻松的笑语……都已消失不见，空留在人们面前的只是静静地躺卧在阿尔金山脚下一片不毛的砾漠、被吮吸干了养分的荒瘠的土地，还有弥漫在四野的无尽苍凉，以及那难以抹去的、淡淡的惆怅和迷茫。

○ 伊循故址采集到的镏金铜鹿，匈奴人的遗存

鄯善——开启楼兰历史的新篇

鄯善王国的都城——扜泥，《汉书》称它"当汉道冲，西通且末七百二十里"。《魏书·鄯善传》称"鄯善国，都扜泥城……方一里，地多沙卤，少水草，北即白龙堆路"。从这一地理位置可以推定，它只可能在今天的若羌县城附近。自若羌西至且末绿洲，空间距离就是350公里左右，而且只有在这里，才能得到若羌河水的灌溉，也才能和西边的且末、东边的米兰绿洲伊循屯地互相呼应。只是由于历史的风云，古扜泥城的痕迹已经消失了。但是保留在古文献中的断简残篇，还可以帮助我们找回一些失落的鄯善王国子民们生活的篇页。

尉屠耆迁都扜泥后，因着汉王朝的支持，政治稳定。丝路南道商贸来去，自然也带来了相应的经济利益。更主要的是，在相当长的一个历史阶段内，摒除了匈奴征骑的骚扰，人民休养生息，社会安定，鄯善王国经济得到了很大的发展。不过100多年，就逐步兼并了丝路南道东段各绿洲，如且末、精绝等，成了塔里木盆地东南部最大的一个王国，统治了且末河、安迪尔河、尼雅河各处绿洲经济实体。到公元1世纪中叶，在塔里木盆地内，与鄯善王国政治、经济发展同步，在开都河、渭干河、库车河、叶尔羌河、和阗河流域也展开过一个互相兼并、逐渐走向统一的过程，慢慢呈现为鄯善、焉耆、龟兹、疏勒、莎车、于阗等政治实体，分主乾坤，完全改变了所谓三十六国并立的局面。

在这五六个较大的王国中，控制着叶尔羌河畔莎车绿洲的莎车王国，地域广阔，水流充沛，经济、军事实力相对强大。东汉光武帝刘秀建武十七年（41），因中原战事初定，政治、军事上无力顾及西域，而西域莎车王族又一再表示忠诚，建议刘秀派出西域都护，以利西域的稳定，对匈奴企图重新染指西域的活动可以抗衡。于是刘秀决定，任命莎车王贤为西域都护，颁给印绶，赐车骑黄金锦绣。不料，这一举措却遭到以敦煌太守裴遵为代表的一批官员的反对，理由是赋予莎车王以西域都护的大权，一旦假权自重，难以控制；而且，把莎车抬高到其他王国之上，也会令其他王国失望、离心。刘秀优柔寡断，言出不信，不久收回成命，让莎车王交出西域都护大印，另赐汉大将军印绶。朝令夕改，这极伤莎车的自尊，莎车王当然咽不下这口气，满腹怨恨，表面上是接受了刘秀的安排，实际在西域还是以"大都护"自命，号令西域各国。西域各国既怕莎车的威压，也想着汉王朝的救命，于是都表示服从莎车的领导。

莎车以西域都护自命的假幕，难以长久，很快人们就知道了莎车王已不是汉朝敕封的"西域都护"。东汉刘秀建武二十一年（45），鄯善、焉耆等彼此邀约后，联络了18个小王国，共同派出王子前往洛阳，一是要求允许他们入侍刘秀，再是请东汉王朝派出都护，使他们能从莎车王国的威压下解脱。刘秀虑及东汉王朝无力直接控制西域的现实，一变再变之后，不能三变，坚持不允所请，只是对这些王子厚加赐赏、口头安抚，还是叫他们返回了西域。

一年后，莎车王知道了各地方小王国派王子至洛阳请西域都护，而东汉不留质子，又无力派出都护的事实，认为这正是他进一步称霸西域的绝好时机。应了"小人得志便猖狂"这句老话，在刘秀建武二十二年（46），莎车王就派人给鄯善王安下了命令：关闭西域与汉王朝的交通道路。他要独霸西域，与东汉王朝一较高低。

莎车王贤的这道命令，逼迫鄯善王安要做出一个重要抉择。鄯善王安知道，东汉刘秀虽一时无力派兵来西域，设西域都护，但国力之雄强，绝不是莎车可以比匹的；而且，汉王朝对待鄯善，可以说是恩重如山，没有汉王朝的全力扶持，鄯善不可能脱离匈奴的羁绊，也难以称雄于塔里木盆地东南。鄯善如关闭丝路交通，与莎车同站一条船上，对抗汉王朝，既悖于情理，也不会有好的前景。念及此处，当即决定杀了倨傲无礼的莎车王来使，拒绝了莎车王贤的命令，坚持维护丝路南道的交通顺畅。鄯善王安的这一反抗，不啻是对莎车王贤的当头一棒。莎车王贤怎么也没有想到鄯善王安竟敢如此抗命，此风不杀，何以服众？于是立即率领大军浩浩荡荡向鄯善进攻。鄯善王安在抗命、杀使之时，自然也做了抗击莎车军事进攻的准备。但终因兵力悬殊，很快就被莎车打败。鄯善王安率领余众，避祸到了阿尔金山中，莎车军兵在鄯善杀掠一通后，回到了莎车。

这次战争之后，鄯善王立即上书刘秀，说明形势之艰难，再提派侍子、请都护的要求。东汉朝廷还是不变初衷。为求自保，鄯善、车师只能再附于匈奴，希望在匈奴的保护下，抗衡莎车。

○ 耸立在新疆天山顶
部的班超雕像

正是在这一大的政治背景下，20多年后，班超率领36名勇士在鄯善馆驿中与匈奴使者斗智斗勇，演绎了西域历史上有声有色、传颂至今的惊险一幕。

汉明帝永平十五年（72），东汉王朝见匈奴在西域势力日大，"中国虚费，边陲不宁，其患专在匈奴"，因而决定改变战略，以战去战。就在这一年，班超投笔从戎，进入窦固军中，并立即随军进入了西域东部哈密地区（汉称伊吾）。在哈密巴里坤一带，初战匈奴，班超即建立军功。随后受窦固命令，率领部属36人，沿昆仑山北麓西行，联络丝路南道各绿洲王国，为剪除匈奴在西域的势力和影响而积极活动。

鄯善，是班超行程的第一站。

班超进入鄯善，鄯善王国上下都十分高兴。这是他们的希望所在，自然十分周到、热情地接待。可是，不过几天，鄯善王室的态度却有了微妙的变化，较前稍许简慢、冷淡。这一情绪上的细微变化，立即引起了班超的警觉。他向随从说了自己的分析："鄯善态度变化，最大的可能是匈奴也有人到了这里，他们举棋不定。对这一事态，必须高度警惕，随机应变。"稍后，他又抓住机会，用洞悉一切的语气诈问鄯善侍者："匈奴的使臣来这里几天了，住在什么地方？"鄯善侍者以为班超已掌握了所有隐情，就把匈奴来使及住处情况和盘托出。班超在落实所有细节后，召集下属，宣布了自己的应变决策："不入虎穴，焉得虎子。今天，既已到了鄯善，就不能败在匈奴使者手里。我们人少势单，必须虚张声势。可以利用夜色掩护，火攻匈奴使团的驻地。他们不明虚实，必会阵脚大乱。只有这样，才可转危为安，建功立业于西域。"部属们既感受着面临的危险，也佩服班超见微知著、非同寻常的胆识，纷纷表示一切听班超指挥。班超当即部署：将36人分作几组，有的击鼓喧哗、制造声势；有的乘风纵火，陷敌于混乱。主要人员则潜伏于门道两侧，待火起鼓响，匈奴使节、随从在慌乱中外逃时，便可趁机杀敌。天黑以后，大风骤起，借助浓重夜色，行动开始。一切几乎都是按照班超计划的细节展开，匈奴使团全体成员，无一人得免于难。第二天，鄯善王才知道前夜发生的这一巨变，为班超的见识、勇武所震慑，下决心割断与匈奴的联系，一心归附东汉王朝。

经过在鄯善扜泥城中的一番斗智斗勇，班超的威名很快远播西域各地。从此，班超率一小支亲随，在东汉王朝的全力支持下，纵横西域30多年，西域形势基本稳定。

继班超之后，以鄯善王国为舞台，留下更辉煌的历史篇章的是他的儿子班勇。班超长期在西域生活，夫人是西域人。长子班勇就出生在西域，长期随父亲在西域各处活动，语言相通、交流方便，对西域山川形势、民情风俗，各王国间的关系、内幕了如指掌，对汉王朝经营西域应取的方略也成竹在胸。而且他为人坦诚、勇毅，不怕困难，因此深为西域各族、各王国信任。鄯善，在后来班勇任职西域长史、抗击匈奴的活动中，同样发挥了积极作用。

东汉安帝延光二年（123），班勇率领部卒500人，受东汉政府之命，驻屯吐鲁番盆地柳中城，打击北匈奴的羽党车师后部王国。在完成这一任务、站稳脚跟后，随即进兵至罗布淖尔湖畔的楼兰故城。

以西域长史身份率500人驻楼兰，是班勇向汉王朝提出的重要建议，这是建立在深刻分析西域形势基础之上的重要决定。500人的一支部队，孤悬在罗布淖尔荒漠，如果没有西域王国的支持，四面受敌，会是十分危险的。但班勇深知，楼兰地区不仅有充分的余地可以进行农业屯垦，部队给养不会困难；而且鄯善王国，地近河西走廊，与汉王朝关系密切，在楼兰屯田，可以得到鄯善的支持。这时在位的鄯善国王尤还，母亲就是汉人，从这一点可以说，尤还内心亲汉是不必怀疑的。一旦匈奴得势，对尤还为王的鄯善，会构成巨大的威胁。班勇进驻楼兰，不仅是河西走廊的屏障，实际也是鄯善王国北部边境安全的屏障。这一步如按计划实现，罗布淖尔地区政

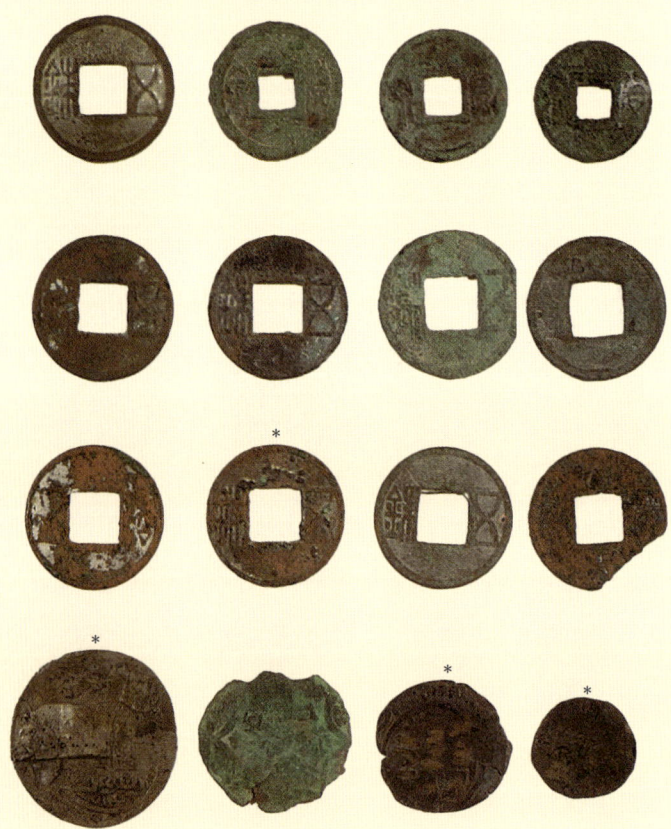

○ 楼兰出土的汉五铢钱等中原钱币

治、军事形势就会完全改观。北道焉耆、龟兹，南道鄯善、于阗，都可以因为楼兰基地的支持，而敢于与匈奴相抗争，以塔里木盆地为中心的西域各国，就会心向、依附东汉王朝。西域大地的政治局势，有望呈现一个全新的局面。

后来的发展，悉如班勇预期。这一基本稳定的形势，一直到三国时期，并无大的变化。

鄯善国史的最后一页

曹魏黄初三年（222），鄯善王国派使臣到了魏国都城，被曹魏政权视为一件大事。交通西域、加强对丝路商业贸易的管理，被提上了魏国的议事日程。魏国随即派出既有管理能力、清明廉洁，办事也比较公道的仓慈前往河西，任敦煌太守，加强对丝路贸易的管理，推进与西域各地政治、经济、文化的联络。仓慈在任，是在公元227年至公元233年间，主政时间不长，但情况却有了很大的变化。此前，敦煌是西域各地商旅通过丝绸之路进入中原大地的十分重要的交通枢纽站，但因为长期战乱、交通阻隔，不置官守已经长达20年。政府瘫痪，地方豪强大族霸居一方。西域各地商旅前来中原进行商业贸易活动，完全被这些豪强大族所控制，一是不让你继续东行，只能与他们"贸易"；二是贸易中欺诈压制，根本谈不上公平。西域商旅饱受欺凌，怨声载道，但无法反抗。鄯善王国使臣到魏都后，大概谈到过这种丝路交通被阻抑的事实。仓慈到敦煌后，首先摸清情况，随即采取措施大力整肃。他定了几条规矩：西域商旅到敦煌后，首先让他们有一个合适的地方住下来，好好接待；若商旅希望东去长安、洛阳，就帮助办理"过所"，使他们可以方便、安全地成行；若商人不愿再往前走，仓慈就拿官仓物资，公平地把商旅们的货物交换下来，再慢慢处理，不使商旅因返程紧迫而蒙受经济上的损失。经过几年的整顿，不论是西域商旅，还是本地吏民，都从丝路贸易中获得了很大的利益。有口皆碑，人们无不称颂仓慈的功德。

仓慈，在敦煌为官6年，死在了敦煌太守任上。听到仓慈去世的消息，内外同悲。当地"吏民悲感如丧亲戚"，"图画其形，思其遗像"；而"西域诸胡闻慈死，悉共会聚于戊己校尉（指吐鲁番高昌壁）及长史治下（指楼兰城）发哀。或有以刀画面，以明血诚；又为立祠，遥共祠之"。（《三国志·仓慈传》）仓慈在任内，只不过是做了一个地方太守应该做的几件事，却得到本地百姓及西域商胡这样的拥戴、赞颂，可见人们希望丝路通畅，能有一个公平交易秩

○ 楼兰王国故址成为晋西域长史府的驻节地。此为楼兰故城西门残存的一段废墟，垛泥版筑之原始工艺，透露着古城过往的岁月风霜

序的愿望十分强烈。曹魏政权派仓慈任敦煌太守，整顿市场秩序，保护西域商胡合法利益的事情，说明曹魏对开拓西域交通、拓展贸易是相当重视的。这对鄯善王国的经济发展也是有力的支持。只要通过敦煌的交通路线顺畅，处于丝路南道咽喉地段的鄯善，就会取得相应的发展，经济就有望繁荣，国力就会昌盛。

鄯善王国据有丝路南道东段，保持与中原王朝的密切联系，可以说是第一要务。对此，他们是极其用心的。西晋武帝太康四年（283），鄯善努力加强与晋王朝的关系，派遣王子入侍晋朝。晋武帝也立即报之以李，封赐鄯善王为"归义侯"，双方都对加强西域与中原的关系表现了热情。

东晋时期，河西走廊战乱频仍。前凉张骏称霸于河西，大概在东晋咸和初年（326），曾命令部将杨宣远征鄯善、龟兹。这件事情的来龙去脉、相关细节，历史文献中未见记录。从总的形势分析，这是张骏向西域拓展影响的一次努力。在这一形势下，鄯善王元孟，不仅立即向张骏称臣，而且献上了自己的女儿。元孟女儿不仅年轻，而且十分貌美，历史上号称"美人"。这一结好的表示与张骏加强同鄯善联系，向西域拓展的计划不谋而合。张骏对元孟娇美的女儿爱抚有加，特意在凉都武威建造了一处"宾遐观"，作为"美人"的宫邸。这件事，总让我们想到1979年、1980年在罗布荒原上发现的女尸：修长身材，白皙皮肤，披肩长发，卵圆形面庞，直鼻大眼，一副楚楚可人的形象。鄯善国王以年轻貌美的楼兰少女作为政策工具，向当时的统治者表示亲和，自然是不会失败的。

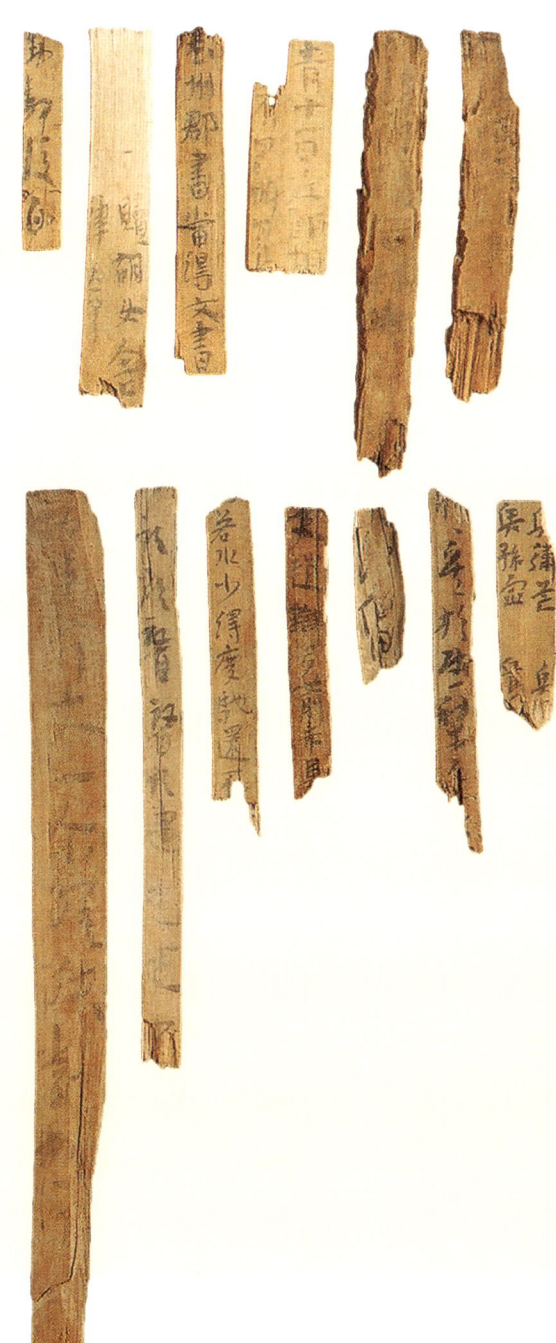

○ 二十世纪八十年代楼兰城中出土的汉晋时期断简残文

公元4世纪后期，苻秦王朝成了西北地区的统治者，鄯善王国统治者休密驮与车师前部王弥寘联络，一道到长安朝拜国王苻坚。看到宫宇壮丽，仪卫严肃，他们禁不住内心恐惧，向苻坚要求允许他们年年进贡。这种进贡，实际是一种政府间的物资交换形式。我贡你赏，从物质财富角度计较，鄯善是并不吃亏的。中原王朝以老大自居，回赏不能菲薄，必须厚重、丰富，才不失脸面，所以在物资不丰的情况下，也力求避免过重的负担。果然，鄯善王一年一贡的要求，还真没有得到苻坚的同意，理由是西域到长安，路途遥远，不能每年一贡，只可以三年一贡，九年一朝。鄯善、车师为表示对苻秦的忠诚，建议苻秦在西域设置都护，并表示，苻秦如果向西域出兵，他们愿意率本国士兵作为大军的前导，帮助苻秦完成统一西域的大业。这一建议倒正好应和了苻坚希望向西北地区扩展的愿望。苻秦建元十九年（383），苻坚命令吕光率7万大军远征西域，主要对象是位于天山南麓、政治上不太恭顺的焉耆、龟兹。在这一次对西域历史产生重大影响的军事行动中，车师前部王国、鄯善王国确实是尽了全力，积极配合。鄯善王休密驮成了苻秦的"使持节、散骑常侍、都督西域诸军事、宁西将军"，带领鄯善王国士兵，做了吕光远征军的先锋。

吕光西征焉耆、龟兹获得了全胜。可以想见，经过这一次共同浴血奋战，苻秦及后来吕光建立的后凉王朝，与鄯善、车师前部的政治关系会是既十分和谐，又相当密切的。

公元5世纪中叶，由汉化匈奴沮渠氏建立的北凉王朝，成了河西走廊西部的统治者。正是这个王朝，将鄯善王国的历史翻到了最后一页，帮它画上了句号。

沮渠氏在公元5世纪帷幕初揭时，在张掖地区开张了门面不大的小朝廷——北凉王朝。它地盘虽不大，人力、经济、军事资源也难与同时分踞祖国南北的刘宋、北魏相抗衡，但因为地据河西走廊，控扼着西域与中原大地联络的咽喉，所以战略地位十分重要。北凉王朝开张伊始，首先很好地保持了与西域的关系，在吐鲁番地区设置郡、县，派出高昌太守，按北凉在河西走廊的行政建制，设立行政、军事管理机构，使其与河西走廊地区相适应。与此同时，还照会了鄯善等西域绿洲王国。面对北凉逼人的姿态，鄯善王比龙立即亲自到张掖地区朝见，其他各王国鉴于北凉在控制丝路交通上的关键地位，也都纷纷"称臣贡献"，表示对它的忠诚。

沮渠氏北凉在稳住西部以后，又想方设法处理好与刘宋、北魏的关系。刘宋、北魏也需要北凉作为交通、联络西域各地的桥梁。刘宋于永初二年（421），册封沮渠蒙逊为"镇西大将军，开府仪同三司，凉州刺史"；景平元年（423），再封沮渠蒙逊为"骠骑大将军，河西王"。沮渠蒙逊死后，刘宋在元嘉十一年（434）还封沮渠虔茂为"征西大将军，凉州刺史"，表示刘宋承认沮渠氏在西域拥有的特殊地位，希望沮渠氏小王朝在自己与北魏的对抗中，能全心全意与刘宋站在一起。北魏对沮渠氏王朝的战略地位有着同样的认识，也没有疏忽，在这方面进行努力，在北魏太武帝神䴥四年（431），封沮渠蒙逊为"都督凉州及西域羌戎诸军事、行征西大将军、太傅、凉州牧、凉王"。沮渠蒙逊死后，北魏同样也封沮渠牧犍为"车骑将军、河西王"。南北两边，对沮渠氏北凉都全力拉拢；沮渠氏对刘宋、拓跋魏，同样表面俯首称臣，谁也不得罪，实际只是求得一个安定的外部环境，维护、发展自身的利益。

这一微妙而难以保持的平衡局面，不可能维持得太久。在北魏太武帝拓跋焘太延五年（439），矛盾终于爆发。这一年，拓跋焘发难，他宣布了沮渠牧犍的12条罪状，其中之一就是明知北魏王朝志在怀远，却还是阳奉阴违，利用控制丝绸之路要隘这一地理优势，"切税商胡，以断行旅"。北魏在有了准备后，要自己直接控制河西走廊、向西域拓展了！很明显，经济利益是这场战争中的核心问题之一。

拓跋焘征伐沮渠牧犍的战争进行得相当顺利，很快，沮渠牧犍即宣告投降。张掖城头迅速降下了北凉小朝廷的王旗。这场战争的波澜，自然不会止于河西走廊，很快就波及新疆东部。最后使在罗布淖尔荒原立国久远，建都于阿尔金山脚下扦泥城的鄯善王廷，遭受到灭顶之灾。

沮渠牧犍归降北魏后，终是不甘俯首为人奴。王族沮渠无讳、沮渠安周决定率领余部西征罗布淖尔沙漠，进军鄯善。这一长途远征，是十分艰难而痛苦的。据《魏书·沮渠蒙逊传》记载，在进军途程中，"士卒渴死者大半"，损失惨重。鄯善国王比龙先是在北魏的授意下，率领士卒坚守扦泥，抵抗沮渠氏的进攻。这一仗，打得残酷而且惨烈。沮渠氏族部众，已经没有了故土家园，志在必得，必须用阿尔金山脚下的这方不大的绿洲，作为活命、生存的基地；而比龙率众保卫的则是自己世代相守的故国家园，这里有自己熟悉的山、熟悉的水，有先祖的墓茔，有亲手建造的屋宇、世代营种的田畦。双方都在为生存搏战。经过差不多180多天的征战，比龙的力量逐渐不支，最后只好率领王国4000多户民众，带着财产细软，西迁到了车尔臣河畔的且末，把扜泥绿洲交给了沮渠无讳。

这一年，是北魏太武帝拓跋焘太平真君三年，也就是公元442年。4月，楼兰王国的后嗣——鄯善王国在经历差不多近400年的风雨之后，最后落下了自己的旗幡，只剩下一个流亡到且末的小王廷，逐渐没入在了浩瀚无际的塔克拉玛干沙漠之中。

3 白草荒烟寻楼兰

古楼兰人

保守一点说，在距今约一万年前，我们的祖先，已进入罗布淖尔荒原，并以这片干燥而且难称富饶的土地作为自己的家园。他们留存在罗布淖尔大地上的第一批痕迹，是原始社会阶段人们使用的细石器工具及制作细石器过程中留下的锥状、柱状石核。这类细石器工具，沿用的时间相当长，直到进入青铜时代，部分细石器工具还在使用着。而采集、渔猎，是他们获取食物等生活资料的主要途径。

大概在公元前2000年，华北大地已经出现了欣欣向荣的夏王朝，而在罗布淖尔大地上，古代罗布淖尔人也向前迈出了一大步，开始使用青铜器。青铜工具成了他们掌握新生产力的标志。孔雀河尾闾地带的青铜时代遗存，代表性的遗址是近年发现、发掘的古墓沟。

新的生产力也使古代罗布淖尔居民与周围世界有了更为广泛的联系。玉石，经过罗布淖尔被逐渐输送到中原大地；产自华南海域的海菊蛤，成了罗布淖尔地区居民喜好的装饰物；优良的绵羊毛，柔软温暖的羊绒、细毛，也被引入为纺织原料，改善了日常的生活。

最迟，在公元前3世纪，罗布淖尔大地的土著居民，已经建立了自己的邦国——楼兰。

公元前2世纪20年代，经过10多年跋涉，张骞回到了长安，他带回来十分丰富的关于西域大地的各方面的考察印象，其中自然也有关于古楼兰王国、古楼兰城、古楼兰人的概念。他向汉武帝刘彻的汇报，是绘声绘色、丰富多彩的，但到司马迁的笔下，存留至今的却只有短短数十字。"楼兰、姑师，邑有城郭，临盐泽。""盐泽潜行地下，其南则河源出焉，多玉石，河注中国。""楼兰、姑师小国耳，当空道。"（《史记·大宛列传》）楼兰是建立在罗布淖尔湖畔的一个小城邦，汉王朝进入西域，这里是一个关键的路口。至于建设了楼兰城邦的楼兰人，这在我们今天看上去是十分重要的一个问题，不知是因为张骞认为实际太平常，不值得一提，还是司马迁惜墨如金，在介绍楼兰城邦时竟没有一个词的说明。这就给今天的人们留下了无尽的悬念与揣想。

这个问题，经历了差不多一个世纪的破解，直到20世纪80年代，才在大量考古资料的基础上，得到了比较清楚的结论。

1979年，我们在孔雀河下游河谷北岸觅见并发掘了古墓沟。它是一处去今约4000年的青铜时代的公共墓地，面积有1600平方米。在笃信人死后灵魂仍然存在的古代人类的心目中，逝去的祖先仍会像存活在世的人们一样地活动，因此，按照生者情况安排逝者墓葬，事死如生，就是一个十分自然的原则。一处完整的墓地，会大致表现着一个现实的小小村社的生活情景。为了取得尽可能丰富的历史文化信息，我们花了近一个月的时间，对整个墓地做了全面的揭露，进行了完整的发掘。那时帮助我们工作的解放军战士，最多达数十人。整个墓地共发现男女老少的墓葬42座。因为环境十分干燥，死者骨骸都保存得相当完好，少部分还化成了干尸，其中一具年轻女

○ 罗布淖尔荒原北部、孔雀河谷北岸，厚积40厘米沙尘下发掘出来的古墓沟墓地。去今4000年前的青铜时代遗存，42座未受后人乱扰的墓地，出土43人，其中14人是未成年的婴幼儿。6座太阳形墓塚，均葬壮健男性，居于墓地东部，36座竖穴无底木棺，入葬男、女、老、少。一具青年男性腰部见打制石镞，揭明这一群体进入古墓的时候，曾经发生过生死之搏，原住民曾用石质箭头捍卫过自己的家园。墓地人骨保存完好，部分已成干尸，具有欧洲人形体特征。青铜时代的徙入者，缘孔雀河谷散居。生产活动约600年后，又沿塔里木河上行走向了克里雅河谷。这是罗布淖尔荒原上早于古楼兰人的一页历史

尸，日本人称呼她是"楼兰美少女"。

1980年，在孔雀河下游（俗称"铁板河"）泻入罗布淖尔的河谷北岸一处风蚀土丘上，新疆考古工作者又发现了两座墓葬。其中一具女尸保存特别完好。俊俏的卵圆形面庞、披肩的栗色长发、挺直的鼻梁、发育的眉弓、薄薄的紧闭的嘴唇，在经历罗布淖尔风沙约4000年的侵蚀后，仍然完好地面对着今天的世界，为人们直面当年的罗布泊居民提供了条件。后来，她成了世人皆知的"楼兰美女"。

2000年12月中旬，笔者第四次进入罗布沙漠中，到达了在20世纪30年代瑞典年轻考古学者曾经向世界介绍过的、充满神秘色彩的小河墓地。在所谓"千口棺材"的墓地上，再一次见到了深目钩鼻、头发黄褐、至今未朽的楼兰少年的头颅。有了这些目验的资料，再去观察20世纪30年代中国学者黄文弼在孔雀河下游、罗布淖尔湖北

○ 2000年12月，本书作者王炳华（中）和队友骑骆驼走向小河墓地

岸，斯坦因在孔雀河下游河谷台地、楼兰古城周围，瑞典学者贝格曼在小河五号墓地所见的一批又一批楼兰古尸的面容，可以形成一个毋庸置疑的概念，他们明显都具有高加索人种的形体特征。

古墓沟发掘的人骨资料，当年曾由中国社会科学院考古研究所体质人类学家韩康信进行细致的测量，得出结论，这里出土的人类头骨属于人类种族中的欧洲人种，也就是高加索人种。主要的特征是长狭颅，面部相对比较低宽，水平方向突出，眉间突起比较发达，多深陷鼻根，与原始欧洲人种头骨有很多相似的地方。因此，约4000年前以古墓沟为代表的早期罗布淖尔居民，可以说是在欧亚大陆上迄今所知时代最早、分布最东的一支具有欧洲人种特征的居民。他们是一批新徙入的游牧人，牧放黄牛、绵羊，没有马。除了养牲畜，他们还少量种植小麦、粟。他们会制毡，纺织毛布、粗毛毯，加工木器，不知烧陶，但他们做的草编小篓不仅造型工整，而且有几何形花纹。这批有特色文化的新徙入者，是近年人们关注的一个中心问题。

季羡林先生在知道这些考古成果后曾经说，在新疆，有白种人存在，是用不着奇怪的；相反，如果在新疆见不到白种人存在的痕迹，倒是令人奇怪的一件事。这个道理，只要翻开地图，就会一目了然。在中国新疆维吾尔自治区的北、西、西南面，环绕着的是俄罗斯、哈萨克斯坦、吉尔吉斯斯坦、乌兹别克斯坦、塔吉克斯坦、巴基斯坦、印度等国，从古至今，这些地方的居民均以白种人为主体，而到相邻的新疆，立即见不到白种人的踪迹，岂不成了一个无法说明的现象？一个地区，一方自然地理实体，它坐落在那里，不

○ 1979年古墓沟出土的女尸。日本学界称她为"楼
　兰美少女"。她头戴毡帽，身裹毛布，肩部有小草
　篓，告别这个世界时才20多岁

○ 用电脑技术复原的孔雀河青铜时代美女头像

会随时光而移动，但在其上活动的人群，却始终是一个变动的因素。罗布淖尔地区，古代曾经有过高加索人种的居民。随着社会发展，这一居民群体也在不断的变化之中。

时间进展到距今约2000年的汉楼兰王国时期，这片土地上的居民与此前比较，就明显有了新的不同。1980年，在楼兰古城东郊两处风蚀土丘的顶部，曾发掘过两处汉代墓地。出土的人骨经韩康信测量分析，得到了两点值得注意的信息：其一，是这一阶段的楼兰人，虽然主体同样为高加索人种，但稍稍不同于古墓沟时期的原始欧洲人种的形貌，而与欧洲人种的地中海东支类型相同，与同一时期活动在帕米尔高原的塞克人种类型有密切的关系。也就是说，在距今约4000年至2000年的这一历史时期内，罗布淖尔地区的土著居民，虽同为白种人，但支系是不一样的。其二，与这些欧洲人种混居的，有典型的黄种人。这又是一个值得引起注意的新信息。

在人类历史上，尤其是在公元前1000年中，新疆地区曾经历过多次民族大迁徙的浪潮，是中、外历史文献中可以清楚捕捉的信息。罗布淖尔作为亚洲东部地区与西域及西亚、南亚、欧洲大陆交通联络的桥头堡，当然不可能不受这类民族迁徙运动的影响，也不可能不因为这种人口迁徙运动的影响而留下相应的痕迹。这里的居民，既有白种人，也有黄种人，他们彼此共居，相互交融，共同开发、建设罗布淖尔大地，既合乎情，也顺乎理。罗布淖尔考古工作中已揭示的古代楼兰人的体质类型特征及其嬗变，保留了人类自身发展过程在这片荒漠中留下的只鳞片羽，弥足珍贵。

关于楼兰城

汉晋时期名震西域的楼兰城，坐落在罗布淖尔湖西岸，处于孔雀河下游尾闾三角洲地区。2000多年前，这片地区曾经河道纵横，林木葱郁。河道水面，有小船来去；林木深处，牛羊成群；城边大道，不时飘来驼铃声声，驮载的一捆捆丝绸、毛布，透显着丝绸之路的繁荣。

据地球卫星定位仪测定，楼兰古城地理位置在东经89°55′22″、北纬40°29′55″处。大自然的力量是不可轻估的，2000多年前显赫一时的这一西域名城，已经发生了巨大的变化，曾经巍峨的城墙，今天已经只剩下一段段残损破败的土垣，如果不十分仔细地观察，连城垣所在和具体走向都难以看得清楚。

细细辨析、寻觅，古城基本呈方形，东城墙长约333.5米，南城墙长为329米，西、北两面一样，都是327米。顺应东北季风的方向，南、北城墙保留痕迹稍多，东、西城墙痕迹已极少。在塔里木盆地、罗布淖尔荒原，存留至今的古城不少，多为方形，但也有圆形城堡，形式并不统一。方城，是中国中原大地上传统的形式，而圆形城堡，则有着中亚西部的迹痕。楼兰古城名声很大，实际规模却相当小，古城四面周长1316.5米，整个城市的建筑面积不足11万平方米。城墙构筑工艺是采用原始的堆土、垛筑，间杂芦苇、红柳

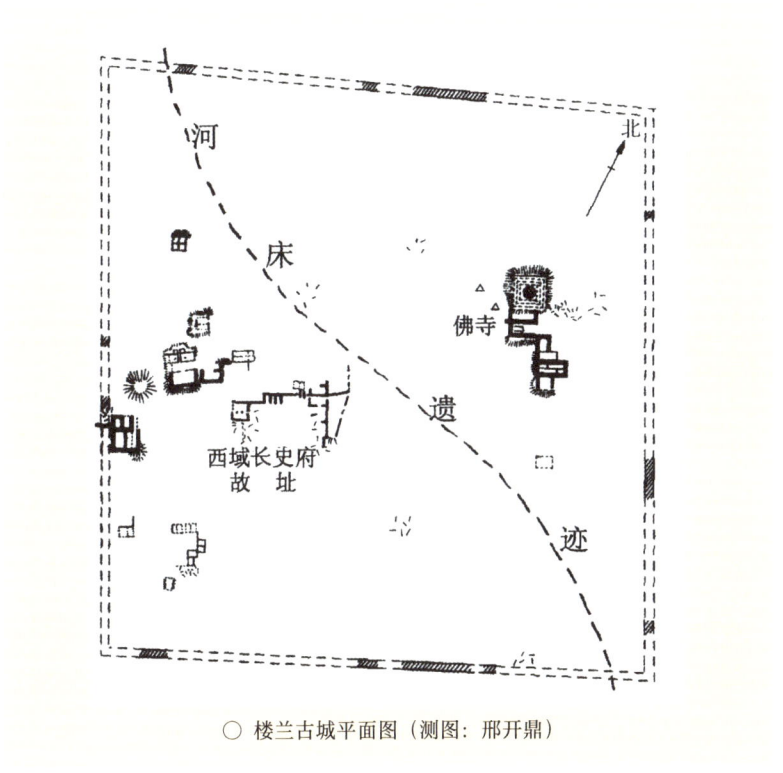

○ 楼兰古城平面图（测图：邢开鼎）

枝成墙，未经夯实。不像城内晚期的建筑——三间房、佛塔，均层层夯实，可以比较有效地抗御住东北季风的长期吹蚀。修筑古城墙工艺的原始性，说明它始建在西汉以前。城门，由于墙体严重残缺，所以看得并不清楚。只是在西城墙中段不仅有一个相当大的缺口，而且缺口左右，残留着两区较大的土墩，似乎可以与西门相联系。

相对而言，这里的自然地理环境当是罗布淖尔荒漠上最为理想的所在。我们从航拍照片上观察，古城所在，正是罗布淖尔荒原上

○ 三间房及佛塔

　　孔雀河下游尾闾地段，河流至此，可以说是水道密布。在古城南、北就各有一条孔雀河支流由西东来，逶迤而去，最后泻入了罗布淖尔湖中。而且，南北支流之间，还有一条南北向的小河，正好从楼兰古城西北进入古城，斜向穿过古城南墙后，向东南流泻。楼兰城内居民的饮用水源，完全得之于孔雀河支流的补给。原来楼兰王国，正是因孔雀河下游充沛的河水、肥沃的土壤，才形成荒原上理想的农业聚落，成为荒原上的经济中心。孔雀河，是楼兰王国的母亲河。

　　楼兰古城中的建筑，以斜穿全城的河流为界，可以划分为河东、河西两区。在河东区，残存至今的主要是一座高耸的夯土佛塔，一区较大型的佛寺建筑遗存。另外几座基址，虽曾采集到箭镞、珠饰、五铢钱、玻璃器等，但建筑的性质已无法判别。在河西区，残存遗迹稍多，魏晋时期的西域长史府，以及具有本地建筑特色、屋室稍

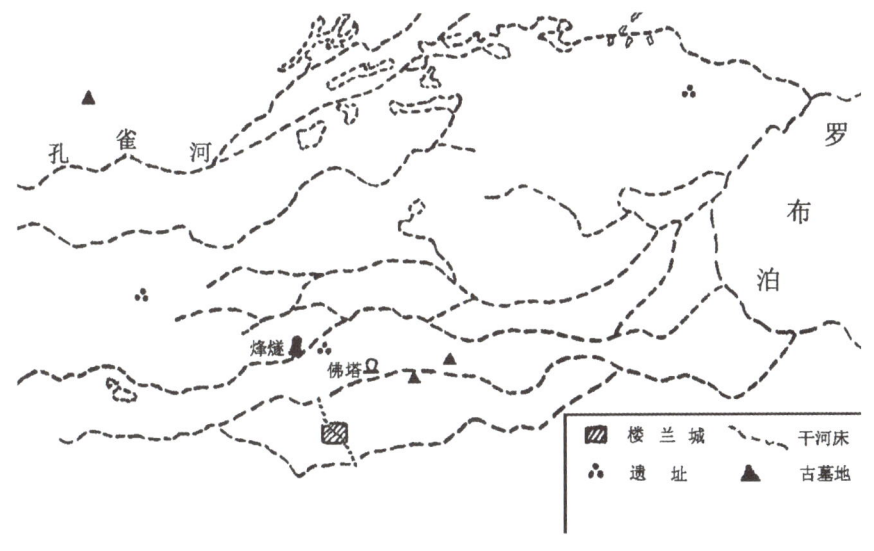

孔雀河　　　　　　　　　　　　　　　　罗

布

泊

烽燧

佛塔　　　　　　　　　　　　　　　　　楼兰城

| 楼兰城 | 干河床 |
| 遗址 | 古墓地 |

○ 楼兰古城周围密布古代河网

○ 古城内有一条自西北斜向东南的河道

多、规模稍大的建筑遗址，大概曾是楼兰王国上层人物的居住处。

当年楼兰古城主人的幽冥世界，大多放在了古城的郊区。目前，已经发现的两片汉代墓地，都在古城东北郊，见于一些风蚀雅丹地的顶部。墓内或夫妇合葬，或家族同茔。伴同逝者进入地府的陶质盆盆罐罐，木质的食案、碗盘，绘彩漆耳杯，是日常生活中的饮食器皿；工巧、色彩仍然鲜艳的毛布，是日常穿着的主要衣料；像晕染过的、由浅入深的彩色条纹，三叶花图案，通经断纬的织造方法，透显了西域大地的毛纺织、染色工艺的传统；各种色彩斑斓的丝质锦绸，在飞卷的云气、奔跃的禽鸟走兽之间，满是"延年益寿""万世如意""长葆子孙""长命富贵"等吉祥用语，表现着两汉时期占主流地位的精神追求，宣示来自汉王朝统治者及社会各方面的强大信心、财富和力量。

作为丝绸之路要冲的贸易都会，作为汉王朝与匈奴王国都关注过的一处军事中心，军事交通设施也是楼兰古城实际生活中不能稍有疏忽的环节。在楼兰城西北郊，相去不过六七公里，至今荒漠上还耸立着一座古烽燧，高度仍达10米以上，攀登至顶，远近景物可尽收眼底。用土坯、杨木、红柳枝相杂垒砌而成的这处古烽燧，从建筑工艺可以看出比楼兰古城要晚，与出河西走廊沿疏勒河而西的古代建筑具有相同的特点。楼兰古城应当出现在汉代以前。在这座古烽燧西北，我们捡拾到了已被风沙吹蚀得过分残破的五铢钱、与人们日常生活息息相关的粗红陶片，多少可以联想到当日戍边健儿们的凄苦与无奈。自然，作为与古代通信、邮递、驿馆等密切关联

○ 孔雀河谷古烽燧——塔西土尔

的烽燧，不会是一个孤立的存在。由此而西，在离小河五号墓地不远处，也有一座孤烽，也还寂寞地屹立在干涸的河道边。折向西北，沿孔雀河谷西行，在库鲁克塔格山前，可以找到一线排列的十多座古代烽燧，与这两座孤烽遥相呼应，揭示着自楼兰西去焉耆、轮台的路线。由这一古烽燧斜向东北，可以通达LE、罗布淖尔湖北岸的土垠——汉居卢訾仓。一座烽燧，是孤单寂寞的，但在一个严密组织的军事防卫网络中，它又是充满活力、不可或缺的一环。唐代边塞诗人岑参说"塞驿远如点，边烽互相望"，他深刻体验过边塞防卫生活，对此就描写得十分贴切。

　　因为楼兰在罗布淖尔荒漠上具有的这一重要的军事交通地位，在它的四周要塞广布。但只有楼兰古城才是中心，才是主体，从考古遗址上推敲，一点不错。

楼兰人的居室建筑

1979年底，我们发掘古墓沟墓地时，扎营在孔雀河谷北岸。为了寻找古墓沟墓葬主人生前的居室，我们曾经花费过很大的力量，在便于人们生活的河谷台地上，徒步来去，进行了可以说是极为周密的拉网式调查，但没有搜求到一点古人居住遗址的迹象。在罗布淖尔荒漠深处的小河墓地周围，1934年，贝格曼也曾进行过搜寻小河墓地主人居址的工作，最后同样是没有得到任何结果。

既然有一支不小的力量，在青铜时代的罗布淖尔荒原上，在荒漠深处构筑起今天看来仍然宏伟、壮阔，让人不敢等闲视之的墓地，可以在荒漠上用列木构建成一圈圈宛如太阳光芒四射的图案，经过数千年风采不减，怎么就不能营造起同样坚固的生人居室，面对年年肆虐的风沙也一样安全无恙呢？

"生人住室不若死者居所"！这一结论如果不错，则推论的逻辑就是，人们对墓地的经营，不仅仅是为死者觅求一安息之处，而且在这一工程中，还寄托着全体族人对未来幸福的追求，对部落兴旺、发达的渴望，这表现了他们在严酷的现实面前，感受着自身力量的渺小、软弱。在他们的观念中，为墓地可以付出全部的物力与感情；而对自己的住所，就不求长期稳定，尤其因为游牧生活中难以避免随季节移徙，则住所稍可障蔽风沙，于愿即足，不必更求其他。

汉晋时期的楼兰城，废弃至今已有1600多年。岁月沧桑，这期间，它不仅蒙受了长时期的厉风吹蚀，而且经历了20世纪以来粗暴的掠夺与摧残，如今已是一片破败、凄凉。

残留不多的建筑遗迹，使用着当地可能使用的物质材料，可以说是最大限度地就地取材，几乎囊括了罗布荒原上所见的青杨、胡杨、红柳、芦苇、黏土等。这里每年春天多风，而风多来自东北方向的蒙古高原。适应这种地区的气候特点，古城建筑的门道，大多朝向西、南方。

建筑用材、工艺虽基本相同，但社会身份有别，房屋功能不一，建筑规模、布局有明显的差异。观察相关遗迹，可以区别出四组各具特点的遗存。

○ 楼兰城晚期建筑遗址之一

○ 楼兰城中的民居遗址

最大的一组建筑，居于古城中部稍偏西南处，这是今天古城的标志性建筑之一，俗称为"三间房"。它与城内占主体地位的用红柳、芦苇为芯的草泥墙不同，是城内较少见到的使用土坯作为墙体的土房，是楼兰古城时代较晚的一组建筑遗存。墙体厚达1米以上。长期风蚀，墙体外表已吹得溜光。这三间房，开间极小，测量土墙外侧，东西总长只有12.5米，南北宽只有8.5米。去掉墙体，内部空间十分狭窄，只是一组大院落最后面的一个小局部。整个院落坐北朝南，东西较宽，达60米，南北稍狭，长约30米，建筑面积约1800平方米，在小小的楼兰城中，算得上十分宏伟了。建筑布局是主室居北，左右为厢房，中部为庭院。东厢房，还依稀可以觅见五间一列房址，其中稍完整的一间，开间为5.6×5.3米。建筑方法是首先将地基取平，在平整的地面上铺垫枋木作为墙基。测量一根目前仍然平铺在地的枋木，平直不弯，长6.4米、宽0.36米、厚0.2米，表面加工得十分光洁。枋木两端凿榫孔，可以承木柱，高达5米的木柱，在建筑遗址区内，不止一见。加上檩条等支架材料，总有数十根，纵横狼藉，散落在地表，个别圆木构成的柱础及圆形木柱，同样保存完好。这当是置于主室中部，用以承重的部件。仔细辨析残留的木质柱梁，偶尔可见残留的朱漆，可以清楚想见当年厅堂轩敞、朱漆梁柱，完全不同于一般民居的气势。

就在这组全城最大的建筑物西南，斯文·赫定、斯坦因曾经发掘掠走了大量汉晋时期的汉文简牍和纸质文书。1980年，新疆考古工作者在这里也做过简单清理，又获得了劫余的62件断简。大致检

○ 已沉落在风蚀土丘之中的西域长史府故址局部——三间房

视一些简纸文字，文书纪年讫止在公元4世纪40年代，内容主要为晋西域长史府下有关属吏往来公文，涉及屯田及管理情况，表明这处建筑使用的最后阶段，是作为魏晋时期的西域长史府址。

　　每次进入楼兰，一个最大的期望就是寻找西汉时期的楼兰宫廷。现在分析，这里实际存在一个误区。西汉时的王宫，可能早已转化成了东汉时的西域长史府。之所以做这样的推论，主要根据是：自公元前77年，楼兰更名为鄯善，并迁都扞泥，是一个完全和平的、有序实施的过程。古城并没有因王廷迁都而遭遇巨变。变化的只不过是古城的主人。2100年前的楼兰王宫廷，1600年前的西域长史府，可能沿用一处建筑。它，今天看去虽然简陋，但在全城中，还是规模最宏伟的。如放弃既有王室宫苑，另觅新居，倒实在是悖于情理。想通这番道理，再到三间房中，星星点点的遗迹，就又多了一些楼兰王室生活的情味。

在三间房以西，有一片比较密集的木柱苇墙建筑物。所谓"苇墙"，是以红柳、芦苇做墙芯骨架，用草绳捆绑平直，内外敷泥，抹平、粉刷。在墙体中部、拐角处、房屋中部竖立木柱，架梁铺檩条。屋顶铺红柳、苇草、盖泥，屋室就大功告成了。这种建筑虽显简陋，但可避风沙、御寒凉，尤其是取材容易、修建方便，是其很大的优点。大概正是这一原因，直到今天，在塔里木盆地南缘的农村，这类建筑还是民居的一种主要形式。在楼兰城内西南部仍可觅见的这种建筑，虽然工艺比较简单，从建筑的设计、布局，还是可以看出房屋主人的身份并不一般。一组建筑，有主室、前厅，主室后部有储藏间，主室边侧，有时还见一附室，彼此有门道、廊道连通，个别宅院后面，还有不大的后园，栽植果木。综观整组建筑，虽难说豪华，但是宽敞，基本可以满足居室主人休息、活动、接待的需求。作为汉晋时期的权贵，在当年虽也曾权倾一时，但物质生活水平，也就相当于现代新疆农村中经济较为宽裕一点的富户而已。

与这种宅院型建筑相对应，建筑工艺一样，也是木柱苇墙，但往往只是一间或两间小屋，这大概是当年楼兰城内身份较低阶层的住室。

这三组不同的建筑，背后是三种不同的主人，全城最高统治者、社会上层、一般平民。

除这类官署、民居外，还有一种建筑就是佛教寺院。它是城内唯一可以与官署相比的较大型建筑物。时代已经晚到两汉以后，现

○ 楼兰城东北又一处古代佛教寺院

存主要遗迹是一座高10.4米的佛塔，方形塔基，每边19.5米。塔顶覆钵形，外缘包覆土坯，土坯之间夹红柳。在佛塔南，是一片大型建筑遗址，木质建筑构件杂陈，长4米至5米、宽0.3米、厚0.2米的枋木，总共有数十根，加工精细。一些建筑部件旋成圆弧形。遗址区内，曾发现过木雕座佛像，因此，它可能是与佛塔相关的一区寺院遗存。不同一般的建筑用材，显示了佛教寺院宏大的规模。

同类的佛塔、佛寺遗存，在古城东北约5公里处还发现过一处，塔身还有7米至8米高，也是方形台基，覆钵形塔顶。塔顶有彩色壁画遗痕，塔基使用了青灰色砖，塔基下还发现了佛像的残片，有手指、眼睛等。

在楼兰古城西稍偏北，还有一处建筑。斯坦因将它编号为LB。1900年，奥尔德克第一次无意中闯入的楼兰遗址就是在这里。这也是一区规模宏大的汉晋时期佛教寺院，相当多数量的具有犍陀罗风格的木雕部件、佛像残部、日常生活用品，显示着佛教的辉光。它与古城楼兰相去不足10公里，给我们提供的文化信息主要是两点：其一，楼兰城是这区佛寺借以生存、发展的主要的社会基础，佛寺则是楼兰信徒们的礼佛活动中心；其二，楼兰城与这一佛寺之间，虽然目前交通已十分困难，沟谷纵横，但在一千五六百年前，却肯定是绿洲连片，人们来去相当方便的。不然，这区寺院就没有了生存的前提。地区环境变化之惨烈，这又是一例。

楼兰城内外这些佛寺、佛塔残迹，表明古代楼兰——鄯善王国确实是一处佛教盛行、梵乐悠悠的世界。这与法显西行印度时，在鄯善王国境内见到的情况可以呼应。《法显行传》（也作《佛国记》）中说："得到鄯善国……其国王奉法，可有四千余僧，悉小乘学。"鄯善国有居民八千余家，而出家僧人竟有四千余人，佛教的影响不

○ 斯文·赫定取走的佛像

可谓不大。今天，人们去到若羌县米兰农场，也就是鄯善王国都城东境的伊循故地，在一片沙碛中，最显目的遗址，除吐蕃时期保留至今的一区城堡外，主要就是相邻相续的一区区古代佛寺。从建筑角度观察这些佛寺、佛塔，与楼兰稍有不同。米兰佛塔，中心是浑圆形塔柱，周边是供礼拜的圆形回廊，宽度只能容一人行进。回廊墙壁上，有犍陀罗风格的壁画。而楼兰佛塔则是在三重方形塔基上，堆砌覆钵形土塔。高耸的土塔，远近可见，风格上这一变化，似不仅时代有早晚，建筑风格上也有异同。

楼兰人的衣冠服饰

从去今约4000年前的青铜时代，到汉代楼兰王国，楼兰大地古代居民的衣服、鞋、帽、装饰物有过相当大的改变。

楼兰地区早期的居民，如古墓沟墓地主人们生前的衣物、生活情状，通过他们的墓地可约略知其端倪。

不论男女，青铜时代的罗布淖尔土著居民都戴一种尖顶毡帽。高30厘米左右，毡质平匀，比较厚实。色泽基本上都是羊毛的本色，或灰白，或深褐。毡帽的正面，华贵处是缀饰七道平行的红色毛线；下沿往往也见一两道红线；毡帽左侧，插两至五根尖锥状木棍，木棍上捆扎禽鸟的翎毛，相当美观。毡帽尖顶，是对罗布沙漠多风气候的巧妙适应，这种造型受风面比较小，在风中行走，不易被吹掉。

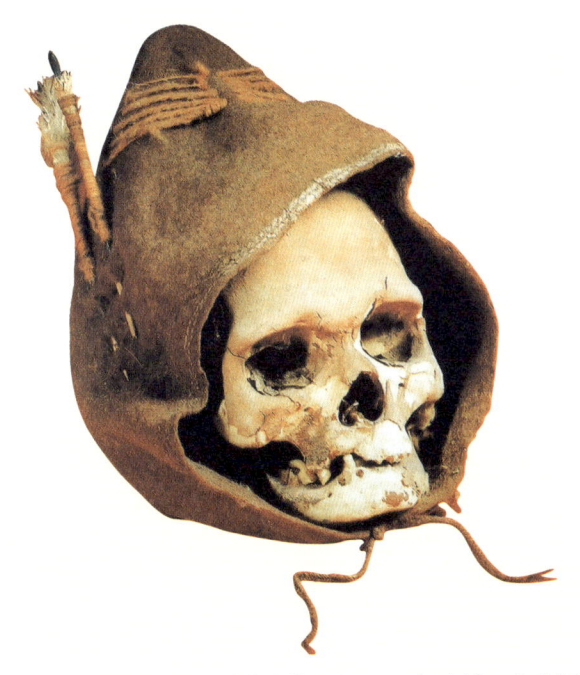

○ 1979年，古墓沟墓地出土的女性头骨，可见尖顶毡帽及相关帽饰

而帽套很深，长至颈下，只有面部暴露在外，在厉风长吹、灰沙横行的罗布荒漠上，起到了防沙、保暖的功用。

不论是我们发掘的古墓沟墓地，还是20世纪初发掘的小河墓地，或黄文弼、斯坦因在罗布荒漠中穿行时清理过的早期墓地，尸体多有不朽，但就是没有发现他们穿着衣服。有的只是裸体外包覆一层厚厚的毛线毯，从颈下至脚踝，由身后包至胸前，全部覆盖其中。

胸前毯边接合部，用骨、木锥别连，起着纽扣的作用。稍发展，腹下围宽窄不一的腰衣，下缘饰流苏，既遮蔽下体，也收保腹之功。由于裹体毛线毯比较厚实，所以相当保暖。有一个例子可以说明这类毛线毯的质量：贝格曼发掘小河墓地时，出土的包尸毛毯就曾被参加发掘的当地老乡取回去做了骆驼、马的鞍具。两千年前的毛毯不仅保存得相当完好，而且结实耐磨。

按照一般原理，生人在料理死人入土时，往往都是按照死者生前的习惯处置其衣服、食品，使亲人进入另一个世界时不致有衣食之忧。这样，可以逆推出一个结论：在约4000年前的罗布荒漠上，人们还不知道用毛布剪裁贴身衣裤，只是在天寒时用毛毯裹身，形成毛布斗篷。

鞋多以牛皮制成。平底有帮，帮有高低之别，帮稍高者可及脚踝。鞋面钻孔洞，穿粗毛绳，便于系捆。有的女尸鞋面上，还插一束毛线捆扎的羽毛作为装饰。

饰具由玉、骨、贝、木、织物等制成。古代罗布淖尔荒原上的居民，曾用身边可以获得的物质材料，作为美化自己的装饰品。比如：玉串珠，主要有椭圆形、圆形，中部穿孔，作为颈饰、手腕饰；骨珠，将禽鸟之肢骨均匀切割后，再予打磨，用毛线串联，一串多至数百粒，用为颈饰；骨管，取大型禽类肢骨，切割成10厘米左右一段，二三十段连缀成一组，装饰于女性腰部；贝珠，切割海菊蛤之局部，成珠，串联在一起，为项链；青铜环饰，在古墓沟出土过小铜圈，小河墓地见过铜臂环；梳子，比较完好的标本为7—11根梳

○ 短腰皮靴

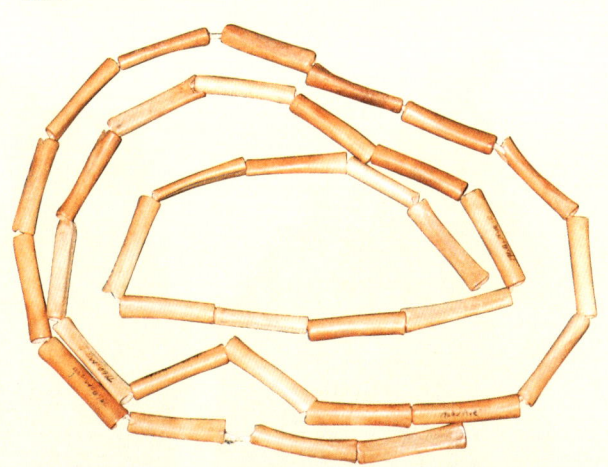

○ 骨管一组，出
　土时见于一老
　年女性之腰部

○ 禽类肢骨用
　作项链、腕饰

○ 汉代铜戒指

○ 楼兰城东郊东汉墓中出土的毛织物，使用通经断纬工艺，具有西亚风格

○ 楼兰城东郊东汉墓中出土的丝锦，兽纹图案中穿插汉字，残存的"廣山"两字清楚可见

齿，嵌定在骨、木材料及动物的肌腱上，梳齿打磨光洁，断面为圆形，个别梳齿边上刻三角形或"之"字形条带纹并涂染成红色，这类梳子，似不仅有梳理头发的功能，可能还被赋予了辟邪的功能；禽鸟翎羽，作为帽饰、鞋饰。

步入汉代，居民服饰有了明显变化。最大的变化之一，是服装材料与此前有了很大的不同。除了继续使用毛布、毛毯、毡，还使用了丝织物及棉布。丝织物中，除了比较华丽的丝锦，还有绢、绫、绮、刺绣等。

从我们在楼兰古城东郊清理的汉墓、孔雀河谷老开屏清理的汉墓，斯坦因、黄文弼清理的汉代墓葬看，在身份地位稍高的人中，丝绢长袍、丝绸斗篷、绸裙、绸裤已成了人们生活中的服装，它们轻薄、柔软，在高热的罗布沙漠夏季生活中，是远较毛布舒适的。如果经济条件不允许全身内外着锦穿绸，就在毛布衣服的领、袖、裤脚这类经常显露在外可以被人看到的地方，用彩色艳丽的锦缎、染色绸镶边，以示他们也是社会上身份不俗的群体。

总之，进入汉代以后，丝绸织物成了人们竞相追求的目标，成了人们标识社会地位的一种衣物，在服装样式方面，也向中原地区看齐，成为一种新的时尚。样式有上衣、长裤、右衽外袍，也有以棉布为料的衣、裤、袍服。东汉以后，罗布淖尔地区已经使用了棉布，而且相当普遍。这是应该注意的重要文化现象。对这类被判定为棉布的纤维，斯坦因曾经进行过多次分析、鉴定，结论不误。只是还没有发现棉籽类遗存。印度、阿富汗等地使用棉织物比新疆早。

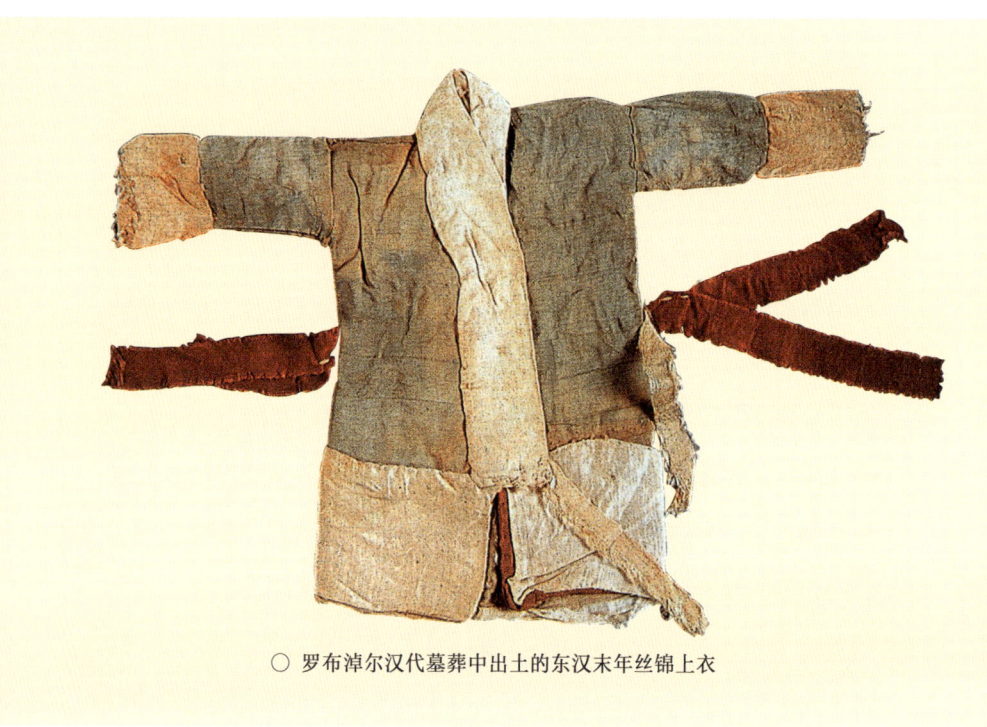

○ 罗布淖尔汉代墓葬中出土的东汉末年丝锦上衣

看来，东汉以后，新疆地区受西部影响，已经开始种植棉花，穿用棉布。

罗布淖尔大地人们的社会经济生活

在去今约4000年的青铜文化时代，在当年的罗布淖尔荒漠上，主要在孔雀河下游河水所及之处，大都可以见到古代罗布淖尔居民努力开拓自己美好家园、热情建设自己生活世界的印迹。

他们在这片荒芜的土地上，曾经种植了小麦、糜子。古墓沟出土的、至今外形完好、籽实饱满的小麦粒，经农业专家分析鉴定，是我国境内所见最早的普通小麦、圆锥小麦的籽粒标本。这些麦、粟籽粒，用最简单的石质磨谷器碾成粉后，煮糊烙饼，可以成为日常生活中的主食。烙饼，考古发掘中没有见到实物。我们在塔克拉玛干沙漠深处，克里雅河谷中游达里雅博依村曾经见到过比较后进的原始聚落，他们将麦面水糊慢慢倒在火塘中烧热的卵石上，很快就烧熟为薄饼，香味扑鼻。至于煮糊，出土文物中见到了实证。在古墓沟、小河墓地，逝者头颈旁边无一例外地都摆放着一个草编小篓，小篓底部，往往见到麦粒，也见到干结成痂的灰褐色结块。这种沉淀物，通过分析，是失水后的粟米粥干结物。

除了麦、粟外，在一件木槽中还刮出过一些不定形的块状物，呈浅棕灰色。送到实验室进行检测，加热后出现了棕色焦油状物体，并有奶焦煳气味，证实它们是奶酪的遗存。

出土的大量牛骨、牛皮、羊皮，说明牛、羊是当年畜牧业饲养的主要牲畜，畜牧业在当地具有比农业更重要的地位。渔猎是副业，在古墓沟，曾经发现过一块用毛线编结的渔网残片；在小河五号墓地，见过鱼骨。今天已滴水不存的孔雀河下游，当年曾鱼群游动。鱼，也是古代罗布淖尔人的重要食品。生活中，牛、羊、鱼类肉食是蛋白质、脂肪最主要的来源。衣服、鞋帽等不可稍缺的御寒之物的制作材料，主要也取自牛、羊等家畜，纺毛绒织布，剥皮裘为衣，

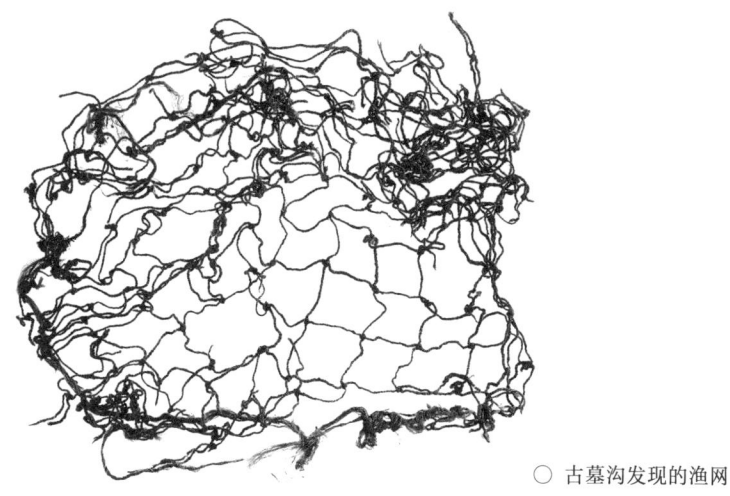

○ 古墓沟发现的渔网

切皮革为鞋。甚至刚刚宰杀割剥下的生牛皮，也被覆盖在棺盖、木屋顶上，成为最好的固定盖板，生牛皮干了之后，其坚固、结实程度超乎一般人的想象，风沙难以掀动分毫。

　　手工毛编织物在罗布淖尔早期居民的经济生活中，具有十分重要的地位。人人必备的毛布斗篷，白天披身，入睡当被，可以说是须臾不离身。与斗篷一道，既做腰下遮盖用物，又是装饰物的毛织腰衣，也是手工编织的重要物品。编织，就成了每一个罗布淖尔妇女都必须具备的技能。这类披裹身体的毛布斗篷，实际就是一块长方形的毛线毯。我们在古墓沟发现的一块毛毯，宽达1.8米，残长1米，裹尸入土时，可能只用了局部。左右边幅完好，边缘部分有流苏。这样宽幅的毛毯，编织时大概利用了一种比较原始的宽幅竖机。这种原始竖机，以两根木柱支撑一根长两三米的横轴，经线固定后，

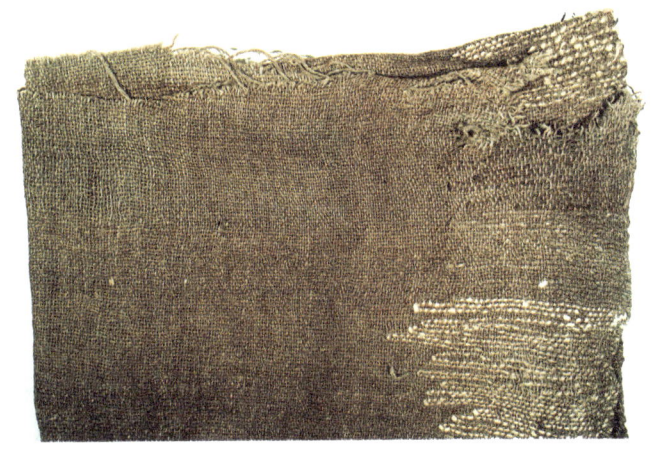

○ 古墓沟墓地出土的毛线毯

以小梭为织纬工具，造型颇与今天织毯的工具相似。据友人介绍，20世纪五六十年代，在塔里木盆地内比较偏僻的农村里，还有农妇使用这类竖机编织的粗毛线毯，做铺炕、缝合大毛布口袋的材料。青铜时代罗布淖尔土著编织的这类用作斗篷的毛毯与此类同，几乎全是平纹，毯面平整，毛纱比较细匀，也很牢实。

对这里出土的毛织物，有一些细节还值得一说。我们曾将出土的毛布送请新疆羊毛研究所及上海纺织科学院进行检测分析，结论是主要为羊毛，毛绒品质甚佳，可以纺70支以上的细毛纱，而且墓葬主人已经知道如何分档使用羊毛、羊绒。质地优良的羊绒，用来捻线织布，质量较粗劣的羊毛则搓捻毛绳，擀制毛毡。发掘过小河五号墓地的瑞典考古学者贝格曼也曾进行过相类的分析，结论是毛线为双股毛纱捻成，每股包含大约180根羊毛纤维，粗13—27微米，

○ 古墓沟墓地出土的毡帽

具有良好的波纹结构及鳞状表面，显示了羊毛纤维的表面特征，可以算是上好的细羊毛，应该出自改良种的羊。为了进行对比，他还取了当年库车地区健康的草原种羊的一支羊毛，毛色纯白、毛感柔软，用这支库车羊毛做对比分析，库车羊毛更粗，直径达25—55微米，多数毛有髓核，毛外部的鳞片呈不规则的爆裂状，品质明显不如罗布淖尔小河墓地的羊毛。这导致贝格曼做出一个推论：当年小河墓地的羊毛，肯定取自饲养的西部邻境地区改良种羊。

与毛纺、毛织地位相当，古罗布淖尔早期居民的制毡也是家庭手工业中的一种。他们生前不可或缺、死后随之入土的尖顶毡帽，毡色单纯，毡质平匀，相当厚实却不坚硬，帽尖锐挺。这不仅是新疆地区目前所见的最早的毡类标本，在中亚、西亚广大地区，也是

○ 古墓沟墓地出土的草编小篓，内盛小麦粒或粟米粥干

最早的毛毡制品。人们称它为"无纺织布"。今天新疆各地的牧民，仍然十分擅长此道。方法是将洗净选好的毛、绒铺平后，不断擀、压成形，制成毡毯、毡帽、毡靴、毡袜等，这是一项十分重要的工艺发明，成品也很实用，对改善早期游牧人的生活，发挥过不小的作用。

皮革制造，主要见于早期罗布淖尔人穿着的鞋。部分皮鞋上还故意保留有牛毛，置于内侧，这既有利于保暖，也较柔软。

草编，是又一项了不起的工艺创造。他们虽已掌握了铜器制作工艺，却并不烧陶，因此，早期日常生活中不见陶制的碗、盆、杯类盛储、饮食用具。这对喝水、喝奶、食用稀流质食物，当然十分不便。人可胜天、智慧无穷，身处贫瘠土地上的罗布淖尔人，因地

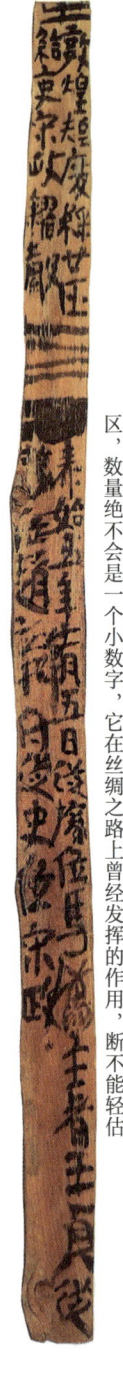

制宜，就地取材而用，不仅制造出了多种木质的碗、盆、钵类物品，还利用牛角制作了杯，利用荒原上到处可见的罗布麻、芨芨草等植物的韧皮纤维，编织出大小不等、形制各异的草篓、簸箕。草篓，通常的形制是平敞口，较深腹，稍稍鼓出，圆形底，高度一般在15厘米上下。在口沿穿系一根毛绳，器口用毛布盖覆，随身携带很方便。少数编织精巧的草篓，不仅篓体织纹平整细密，而且利用纬向材料光洁程度不等，而显示出"之"字、波纹、几何形折曲纹等，相当美观。

进入汉代，楼兰国居民的社会经济生活较前有了相当大的发展。这时在楼兰大地的经济生活中，畜牧业仍然居于一个主要地位，绵羊、山羊、牛、马、骆驼等是人工饲养的主要牲畜，羊、牛是肉、乳之源，骆驼、马是运输、交通代步的工具。农业，仍然是以小麦、粟等旱地农作物为主。从出土的简、纸文书看，农作物及相关产品有大麦、小麦、麦面、粟、黑粟、禾、谷、杂谷、芒、米等，但主要还是麦、粟、禾。除粮食生产外，还有瓜、果、蔬菜。记录的牲畜品种另外还有胡牛、驴、羌驴，品种不一，性能当有不同。适应调剂余缺的社会需要，这时的楼兰社会已经出现了粮食市场，有了多余的谷物，可以进入市场交换。在木简文字中，有以丝织品籴购谷物的记录，时在晋泰始五年十一月五日。

在农业生产中，尤其是屯田生产中，楼兰人已经注意学习中原地区的犁耕技术。木简记述，西域长史府曾将学习、推广牛耕作为一项重要的工作任务。

除农牧业生产外，汉楼兰王国已烧制陶器。本地生产的陶盆、罐已作为殉葬物，代替草篓入置墓中。在日常生活中，陶器自然也是普通用具，古城遗址中，随处可见碎陶片。此外，还见到蒸、煮用的灰陶甑，造型与中原地区一样。它对于蒸制面食、小米等是很适用的。对改善人们的生活、食用干饭、增强人们体质，作用不可低估。

汉晋时期的楼兰（鄯善）王国，农牧业在原有基础上有了相当大的发展。而更显著的进步，还有手工业生产及借丝绸之路贸易而带来的经济繁荣。人民的物质、文化生活有了相应的改善与提高。

草编器在汉代已退出了历史舞台，陶器、木器和来自中原大地的木胎漆器，成了人们日常生活中主要的饮食用具。木器中，一种四腿长方形食案具有比较重要的地位。几乎每一座墓穴中，都可以见到这种食案。平地坐食，有这么一件木案置于身前，既便于饮食，也少沾灰沙，因而社会普遍使用，这也是得益于中原大地饮食文化

○ 古墓沟墓地出土的木盆、木盘、木杯

○ 楼兰出土的漆杯、器盖

○ 1980年在楼兰城中采获的贵霜王朝钱
  币，从中多少可以感受到楼兰在汉晋
  时期丝绸之路上的贸易地位

○ 楼兰出土的玻璃器残片

的经验。

毛纺织业在这一阶段也有了很大的进步。质地致密的斜纹毛织布，或染成红色、褐色，显彩条、折曲纹等几何形纹饰，成为人们普遍使用的衣料。每个入葬的女性身旁，几乎都可以见到手纺毛线的纺轮和纺杆，表现妇女是家庭中从事手工纺织的主要成员。

由于楼兰王国在丝绸之路上居于一个关键地位，于是，不论是地居孔雀河的古楼兰，还是后来迁到了阿尔金山脚下若羌河畔的扜泥，都是丝路商旅们不能不到、不能不停、不能不予以倚重的都会。因此，东罗马的玻璃器，贵霜王朝的钱币，两河流域的蜻蜓眼料珠（中原人称它为"琅玕"），西南亚地区彩色艳丽的毛布，和阗的玉器，中原大地色彩斑斓、柔软舒适的各色丝绢锦绣，轻薄美观的漆器，装饰华丽、光可鉴人的铜镜等，这些代表了当年欧亚大陆物质文明的高端产品，以及大量的五铢钱、铜铁兵器等等，都成了楼兰（鄯善）王国上自王室达官，下至平民商贾常见的、可享用的消费物资。与这些物品一道，还有大量难以见之于文物的各种信息、文化知识，从编织、制陶工艺，到神奇的玻璃烧造、铜铁冶炼及铜铁兵器的制造技术，这时也都进入了罗布淖尔，这使楼兰（鄯善）王国从一个孤立于荒漠深处的不大的绿洲，一下跃入广大欧亚世界先进的物质文明的洪流，迈入了一个全新的生活空间。

可以捕捉的早期楼兰人的思想观念

罗布淖尔青铜时代居民的思想观念，在陆续出土的各类古迹文物中，有着相当厚重的沉积。

在古墓沟早期墓葬中，女性曾享受着社会的尊崇。一个老年妇女（似为祭祀）的墓穴中，陪葬20多支牛角、羊角，这代表了她的财富与身份。墓穴中陪葬入土的木雕人像，也几乎都是女性。这与她们不俗的社会地位存在关联。

同一时段的墓地，在42座简单墓穴中，却有6座晚期墓葬，地表都有7圈围栏，围栏外有列木构成的放射性线条（鲜明的太阳图案），入葬其中的都是体格健硕、身躯高大伟岸的男子。墓穴中虽然没有发现很多的财富，但外形如太阳图案的墓葬设置，均处全墓地的最东端，已明确地把这些原本是社会上平等一员的男性放在了超乎常人的位置上。发掘工作中，没有找到更多一点的资料，可以证明这6名男子具有与众不同的身份，或与他们在迁徙大业中的奉献有关联。相关埋葬现象，在斯坦因的推导中，也有所见。

从墓地地表用大量木材（一座墓葬最多用木材690多根）设计、布置出太阳形图案看，青铜时代的罗布淖尔居民已经有了朴素的太阳神崇拜。太阳神崇拜是早期人类普遍具有的观念，在我国西北地区游牧民族中也是最重要的信仰。根据目前所得资料，则说明罗布

○ 古墓沟墓地的角杯

○ 古墓沟石雕女俑

○ 古墓沟出土的木雕女性像

淖尔土著居民，也是最早尊崇太阳神的居民之一。

　　距今4000年前的罗布淖尔人，平均寿命不长。据古墓沟墓地统计资料，1/4的墓葬都是10岁以下的儿童，一具保存完好的古尸，死亡年龄也只有20多岁。大多数墓葬人骨，都没有进入老年。只是上面提到的墓中有大量牛、羊角的女性是一个老年人。大概这位老妇人心态、生活都较常人要优越一点。这一平均寿命很短的情况，是与生活艰难密切关联的。身处同一时段的铁板河女尸，死亡年龄约40岁。女尸出土时，头、腋下、阴部全是体虱，密密麻麻的体虱附着在毛发上，灰白一片，使人吃惊。解剖中发现，她的肺部沉积过量的矽尘、炭尘。显然烟灰、沙尘伴随了她的一生。艰难的生存条件，极高的死亡率，直接引发了罗布淖尔人两方面强烈的愿望，一是对祛病健身医药的寻求，二是对群体强大生殖能力的渴望。

　　对去除病痛的强烈追求，使他们在

○ 1979年古墓沟出土的幼儿干尸，包裹在一块毛线毯中，用木锥别牢。幼儿年龄不到10岁。在古墓沟墓地，婴幼儿尸体占30%

○ 铁板河出土的女尸。勉强可以遮体的粗毛布，盖覆面部的簸箕，随身的草篓，一把梳齿已不完全的木梳是她离开这个世界时的随身财富

朦胧中找到了麻黄。他们对麻黄怀有特别的感情：死者入土，在裹身的毛毯上，相当于左肩部位，都包扎有一小包麻黄枝。他们似乎认为在罗布荒原上随处可见的麻黄枝，具有特殊神奇的力量，可以辟邪驱鬼、驱除病魔，深信这可以带给死者以安全和幸福。稍晚，麻黄枝小包多见；晚于古墓沟约四百多年的小河墓地，身份稍高的男女主人，更有在身下、身上满盖麻黄的情形。

这一观念的出现，自然也有其物质的基础。麻黄草，在罗布荒原上可以说是遍地生长。而草中富含的麻黄碱、甲基麻黄碱、伪麻黄碱等生物碱，对人体有发汗退热、止咳平喘的功效。在罗布荒原上冬日寒冷、春日多风、夏日酷热、早晚温差大的气候条件下，人们患风寒感冒、呼吸道感染、发炎是不会少见的。而食用麻黄就可以很好地舒缓这些相关的病痛，古代罗布居民当然不会认识麻黄的这一药理作用，但不妨碍他们在偶然的机遇下，多次感受到麻黄的效果后，认定麻黄枝有一种神奇的魔力。另外，麻黄常绿植物的特性，还可能引发早期人类将其视作生命力的象征。伊朗、印度的祆教徒也有一种类似的习俗，他们将麻黄汁作为宗教祭祀饮品苏麻液，而苏麻液，是不会变质腐败的。总之，古楼兰人在罗布荒原上的众多植物中，只赋予麻黄枝以特殊的精神，甚至成了辟邪的灵物，其背后的物质原因大概就在这里。

罗布淖尔荒原上的早期居民，在追求生殖能力、追求子孙繁衍的要求下，产生了相应的生殖巫术。在小河墓地，发现过高大一如真人的多个裸体木雕人像，男子的性具都十分突出。在一些木棺中，还见到女性腹下有多件陪葬的木雕男性生殖器。它们是用两块内凹的雕木拼成，中空腔体内置放蜥蜴、蛇头骨，拼合成男性生殖器，外缠红色毛线。此外还有吞食柱状物的蛇头，刻满三角形纹饰的木杆等等，似都与祈求强大生殖能力相关。三角形图案，在许多原始艺术中是女性的象征，有着与生育、生殖相关联的文化内涵。而蛇、蜥蜴在原始先民的概念中，又是男性的象征，也是强大生育力量的表现。用这些东西殉葬，说明祈求生殖、追求部落人丁兴旺曾是他们当年炽热的追求。

罗布淖尔荒原上的土著居民，笃信人有灵魂，因此，他们十分认真地安排亲人的丧事，不论老人、小孩都一丝不苟，使死者得以安息。同时，他们也笃信，逝去的祖先、亲人和他们还可以通过一定的祭祀方式进行交流，祖先可以通过祭祀了解亲人们的愿望，而发挥自己的能力佑护亲人，使后代得到幸福。古墓沟墓地每座棺木两端都有一根立木，在一些身份显赫的男子墓穴周围，还不惜物力，构建太阳形图案。这样的设置，不仅十分辉煌、壮观，而且，每座墓穴中埋葬的是谁，通过相关的标志，可一目了然，子嗣或部落群体进行祭奠、祈祷，不会发生任何困难。

　　小河五号墓地，在这方面给人的印象更其强烈。它是一处地势特别高大的浑圆形沙包，在四围相对低平的沙丘的簇拥下，特别雄伟。而在这处高出地表达7米多的沙包上，是林立的一棵棵巨型木

○ 小河五号墓地：列木构成的木墙，暴露于地表的棺板。令人肃然起敬的耸入天穹的巨型木柱，可为沟通人间、天上的桥梁

○ 小河墓地的木雕人像，大小有如真人

○ 小河墓地一根刻凿了弦纹的木柱，这类木柱是罗布淖尔荒原古代建筑中的传统因素

柱，宛若一丛森林。每根木柱高度可达4米。木柱当年曾染成红色，经过数千年的风吹日晒，暴露于地表的木柱早已看不到红色，但在沙尘掩覆的木柱根部，还可以见到赭红的色彩依然刺目。木柱间，还有两道以列木构成的木墙，最粗的列木直径达50厘米。木柱丛中，可以看到一支支高高耸立的如扇似桨的木标，与另一些锥形木柱相错相杂。而掩埋死者的船形木棺就安置在这些木柱、木标之间。不论任何人，今天来到这里，仍然会油然生出敬畏、悬疑之情。

虽然，我们今天难以完全把握去今4000年前，罗布淖尔人在这处埋葬亲人的神山上寄托的全部感情与愿望，但他们在这里曾经有过的追求，大概怎样估计也不会过分的。他们不避沙漠道路的艰难，想方设法，在罗布淖尔荒原腹地找到这么一座最高大、最接近苍天的沙山，为的是将告别了他们的亲人送到这里来，安息在这离天穹最近、最容易与上天沟通的沙山上。山上是一片象征生命、充满热力的火红色世界，这是十分震撼精神、动人心魄的事业。小河地区的罗布淖尔人，把这一火红色列木覆盖的沙山，看成关系着他们现实幸福与未来命运的神圣所在，是毫无疑问的。

去今4000年前的罗布淖尔居民，在孔雀河下游三角洲上，享受着大自然的恩赐。遍望极目的胡杨林，大概曾使他们认为这是取之不尽、用之不竭的资源，他们烧胡杨取暖、煮食；用胡杨木盖房作棺，在孔雀河上游划的是胡杨木掏空后制成的独木舟，构建墓地太阳形图案……年年月月，无尽无休。经过长时期的砍伐、摧残，终于有一天，人们从漫天的灰沙中再难找到大树，生存中感到了危机

○ 小河墓地中心一根多棱形立木，其下为一埋葬了女性的木棺

的迫近。于是，在鄯善王国出土的、大约是书写于公元3世纪的一件佉卢文木简中，产生了保护树林的敕令："禁止随便砍伐树木""连根砍树者，不论是谁都罚马一匹""在树林的生长期，应防止砍伐树枝，砍伐大枝罚牡牛一头"。这是值得牢记的。大概算是我国最早的保护森林的法律条文。是古代楼兰（鄯善）居民在付出环境严重恶化的代价后，为保护自己的生存环境而做出的巨大努力，显示着古代罗布淖尔人奠基在社会实践基础上的智慧，也是值得我们今天认真记取的历史教训。

古代罗布淖尔土著居民生存的荒原，很早就是一个干旱缺水的地区。但环境的严酷、物质生活资料的贫乏却一点也没有使这里的居民意志消沉，对明天失去信心。他们对自己的生活充满着热爱，对自己的明天满怀着激情：一件普通的盛物的草篓，编织着大方、美观的图案；平常的禽骨、海贝、石珠，稍经切割、打磨，化成了手链、项链，使少女平添了妩媚和光彩，充满青春的活力；同样普通的尖顶毡帽，绣上几道红色毛线，再在一边插上几根彩色翎羽，本来灰暗平淡的毡帽，立即会变得别致、引人注目。这些不易为人注意的细节，饱含着古代楼兰人无比热爱生活、追求美好与幸福的善良心灵。

青铜时代罗布淖尔人喜爱红色，崇拜红色。从尖顶毡帽上多见缝缀、装饰红色毛线，毛编织带上饰土红色毛线，小河墓地上列木外表涂抹红色，木箭杆上涂染红色，可以看到，红色已深入他们的心灵。人们一般都认同，对这些混沌初开的古罗布淖尔人，追求这血红的色彩，形成一种美学的追求，有其物质的基础。红色，是血的颜色，是生命的颜色，有血的奔涌，就有生命的搏动；而鲜血的流逝，就是生命的消失。鲜血、红色，是与神奇而不可预见的魔法力量共生的，因此，红色也就成了人们崇拜、追求的一种色彩，成了美的象征。

我们没有发现古代罗布淖尔人自己的文字。后来在这片土地上曾经用过的汉文，借自中原；更后使用的佉卢文，借自贵霜。他们记事叙物，可能是用一种长条形刻木。在古墓沟墓地，发掘出土了不少宽约10厘米、长20多厘米的矩形木板，大小不一，但木板一边都有或深或浅、或疏或密的刻痕。如果推想不错，它们应当是墓主人生前记事的工具。随着主人的逝去，在刻痕中留存的记忆和情感，也只能与主人一道入土，永远消失在大地深处。

古墓沟、小河墓地，殉葬物都十分贫乏，它们是墓主人当年物质生活贫乏的表现，但并不意味着思想的贫乏。死者胸前，有的挂

○ 古墓沟的记事木刻

着一块木刻的人面；死者手中，有的握着一块有花纹的小砾石；入殉的动物角上，插着小小的不同的木楔……每一件物品、每一个现象后面，都有一种信念、一个追求。

古楼兰人与周边世界的联系

罗布淖尔荒漠方圆近20万平方公里，放在欧洲，算是一个领土面积差不多中等的国家。但在这茫茫荒漠中，除了孔雀河、塔里木河、车尔臣河、若羌河、米兰河等几条河流尾闾地段不大的绿洲外，绝大部分都是沙漠、偶见植被的荒漠、鳞次栉比的雅丹地，晋代楼兰人士曾形容它是"绝域之地，远旷无岩"。用公元4世纪末5世纪初，穿行过这片地区的法显的话说，这片土地是"上无飞鸟，下无走兽，遍望极目，欲求度处，则莫知所拟，唯以死人枯骨为标识耳"的

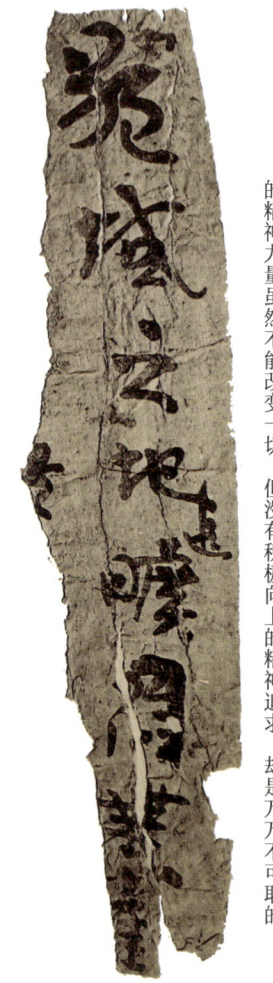

○晋人墨迹：『绝域之地，远旷无岩……』晋人对罗布淖尔之抒怀，极显其无奈、落寞、无进取之心。较之西汉开拓西域以西，开创一片新世界的雄风，绝对不在同一境界。人的精神力量虽然不能改变一切，但没有积极向上的精神追求，却是万万不可取的

几近死亡的世界。如此严酷的地理环境，要与周围世界交通联络，真是谈何容易！

但是，考古中见到的文物资料，确实清楚地显示着他们与四周世界存在的联系，且联系得广大而遥远。

古墓沟墓地，坐落在孔雀河下游，居于河谷台地北岸，背依库鲁克塔格山南麓的沙丘上。发掘出土的多具人骨，却使用着阿尔金山、昆仑山中的软玉制作的玉珠。这些玉珠，或做手链，或做颈饰，增添了主人的光彩。而这些玉珠的产地，最近也要在差不多500多公里外的阿尔金山中，或更远一点的且末南部的昆仑山里。

古墓沟、小河这些墓地的主人，住处当然不会距墓地很远。不论从墓中出土的小件铜饰，还是从营构墓地必须使用的青铜工具看，

○ 楼兰出土的汉代铜镞、铜锥、小铜人及玉器

这些青铜制品出产在居址所处的荒漠中的可能性很小，人们必然要越过荒漠，才能从有铜、锡资源的绿洲取得这些生产、生活中必不可少的物资。

在冬日严寒的罗布淖尔荒漠中，御寒的毡帽、裹身的毛毯，都是不可或缺的。羊毛绒、驼毛绒，自然是古罗布淖尔人身边唾手可得的。但是，经过今天专业研究部门测试，纺制毛毯的羊绒，其优良品级，却绝不是在罗布荒原上粗放的土种羊、驼所产的绒可以比拟的。因此，一个推论是：这些品质优良的羊绒、优良种羊，很有可能与古代欧洲或西邻的费尔干纳、中亚两河流域有关，因为那里曾经饲养人工改良羊，可以生产品质比较好的羊绒。

尤其让人感到吃惊的事实，是在小河五号墓地，采集到近500颗小珠。鉴于这一文化现象所具有的重要的学术价值，我在这里要用较多篇幅，直接引用F.贝格曼在其《新疆考古记》中的相关记录："在小山（指五号墓地沙山）东面的平地上，我们发现了近500颗白色小珠子，这是一种两端扁平的圆珠，直径在2—5毫米之间。一些珠子仍留在穿起它们的粗绳上。（瑞典）自然历史博物馆无脊椎部的R.伯根海恩博士，用显微镜检查了其中的两颗，他说这是一种海菊蛤属动物壳，可能是面蛤，分布于东亚海岸。海菊蛤属海生动物，这说明制造珠子的材料是从至少3000公里之外的地方穿越陆地运到这里来的。"我们知道，这种海菊蛤，与一般的货贝、环纹货贝不同，它们只生活在亚洲东南部沿海，也就是东海、南海一带，因此，它们在去今近4000年前出现在罗布淖尔荒原上的小河五号墓地，成了人们喜好的一种装饰物，只能表明那时，我国东部地区与新疆之间，确实已经存在一定的交通联系。这结论，远远超出了一般人的想象能力，也远远突破了古文献中提供的线索，却是无法不面对的考古证据。

考古资料表明，罗布淖尔荒漠深处的大小绿洲，从来就不是一个孤立的存在；而进入楼兰王国时期，随着丝绸之路的进一步开通、发展，它与外部世界的交往，又迈入了一个空前繁荣的阶段。这时，来自黄河流域的各色织锦、绢、绮、刺绣、青铜镜，造型美观庄重的漆耳杯、漆奁盒、漆梳，杀伤力更强、射程更远的铜铁兵器如弩机、弓箭、三棱形镞，制作陶器的工艺，犁耕的方法，修渠筑坝的水利技术，更方便于书写、传递文化信息的材料——纸张等等，都沿着丝路南道，源源不断地进入了楼兰、精绝大地；与之同时，来自地中海周围的玻璃器、蜻蜓眼料珠、技术精湛的毛纺织工艺，通经断纬的缂织技术，来自印度的佛教的思想哲学，也都进入了楼兰、鄯善王国的社会生活之中，楼兰、扜泥这些罗布淖尔荒漠深处的不大的绿洲，深深地融入了欧亚大陆的广阔世界，成为其中不可或缺的一个个环节。

楼兰、鄯善王国，它们与东西方世界交往的路线，根据简单的文献记录，主要结合着自然地理形势的考察，可以得到比较具体的概念。

自楼兰古城东向黄河流域，首先必须出龙城——罗布淖尔北部的风蚀雅丹群，由此向东，过白龙堆、库木库都克、三陇沙，入疏

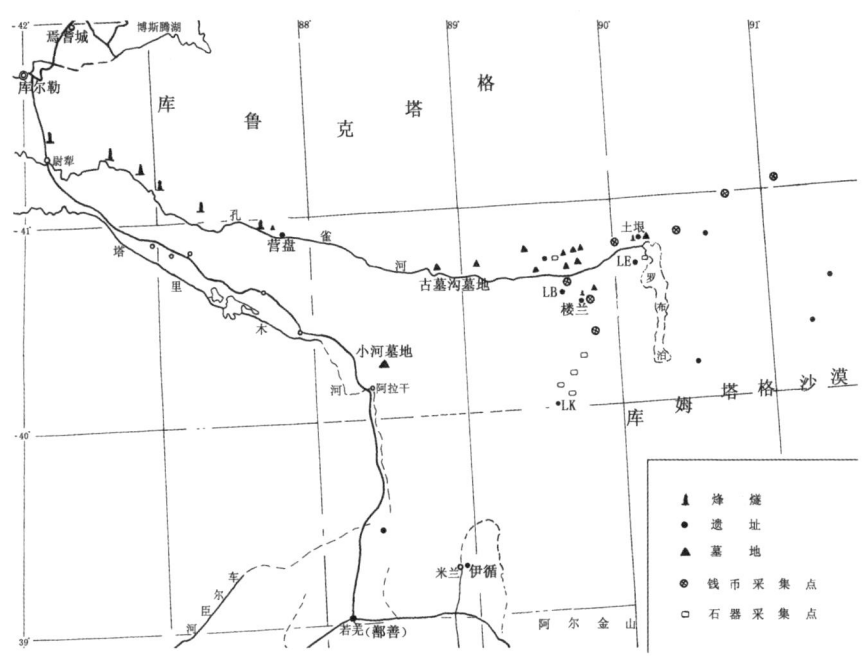

○ 罗布淖尔地区文物古迹分布图

勒河谷，及于甘肃西部的敦煌，进入河西走廊；自阿尔金山下的抒泥城，可以由抒泥东行70公里至伊循（米兰绿洲），北行，经阿不丹，入LK古城，至楼兰；这条路线，经行在罗布淖尔湖西岸。也可以由伊循东北行到墩力克，经阿切克布拉克、土牙、库木库都克、羊塔克库都克，继续前行，同样可入疏勒河谷，进抵敦煌；这条路线，是行进在罗布淖尔湖以东。

由古楼兰向北，穿越过库鲁克塔格山，尤其是其中的兴地峡谷隘口，即可进入吐鲁番盆地，抵鲁克沁。由楼兰向西北走，循孔雀河谷上溯，即可抵达库尔勒绿洲（古尉头国）。西向，既可在天山峡谷中穿行，过伊塞克湖，进入费尔干纳盆地；也可沿塔里木河谷西走，循天山南麓进入伊塞克湖周围；或南行进入帕米尔；与自抒泥缘阿尔金山、昆仑山北麓西行进入帕米尔路线交会，西入阿富汗、伊朗，至地中海沿岸各国。翻越帕米尔高原、兴都库什山，也可以进入印度河上游，抵达南亚。

自楼兰出发，交通欧亚大陆的路线，因为受河谷、山岭、大坂等自然地理条件的局限，在长期的历史过程中，始终没有大的变化。

悬念深深的罗布淖尔大地

在整个20世纪中，罗布淖尔大地、楼兰王国算得上是国内外学术界关注的一个热点，相关的考察和研究曾吸引过全世界人们的目光，这是一片凝集着太深太多悬念的土地。

在前后多次进入罗布淖尔的考察活动中，我常常自我诘问：这样一次又一次进入楼兰故土，究竟寻求什么？已感受到一些什么？有点什么样的领悟需要告诉尚未有机缘进入这片土地，却又关心着这片土地的人们？

每一次步入罗布淖尔大地，面对化成了盐碱滩的罗布淖尔湖、楼兰古城废墟，看到楼兰古国生态环境发生的剧烈变化，想到当年这里曾经灿烂绽放、最后又归于死寂的古楼兰文明，总会提出一系

○ 斯文·赫定所摄楼兰佛塔东南部民居遗址，现已无存

○ 干涸的罗布淖尔湖盆

列既简单，却又十分深刻的问题：当年烟波浩渺的罗布淖尔湖，怎么就会变成一片无垠的盐碱滩？塔里木河、孔雀河下游三角洲，曾是绿荫片片，怎么转眼就成为黄沙漫漫，没有了生命的痕迹？

这一切，究竟是怎样发生的？我们应该从这一系列沧桑巨变中汲取到怎样的教训，使这些历史的灾难，不再在我们的明天，在我们子孙后代的生活中呈现呢？

罗布泊游移与楼兰废毁

关于罗布淖尔自然环境及楼兰古城变迁的研究中，我们首先介绍罗布泊"游移"说。

罗布泊是否"游移",并不只是关系着罗布泊的形成、演变及这一地区自然地理环境的变迁,同时也关联到在罗布荒原上出现的繁荣、衰落,乃至最后死亡的楼兰城的命运。楼兰城,是吮吸罗布泊水系的营养而生存、发展的;罗布泊游移他去,楼兰城还能存活吗?

最早关注罗布泊的是我国先秦时期的一批学者,并在我国最早的地理学著述《山海经》中留下了"不周之山……东望泑泽,河水所潜也"的词句。"泑泽",汉代以来的史籍中一直是罗布淖尔湖的专称。《山海经》以诗人笔法,说是站在昆仑山、帕米尔高原东望,可以看到"泑泽"。先秦时期的这一地理观,在《汉书》中有了一点发展,这就是更具体地说明它与黄河的联系,说是"泑泽"之水"潜行地下,南出积石,为中国河"。积石,指的是今天青海、甘肃交界处的积石山。古人认为罗布淖尔湖水潜入地下,泻入东邻的青海,从积石山出露,成了黄河的补给源。这个观念,今天看上去有些幼稚,并不正确,但其历史文化价值却不能低估。一方面,它表明我们两千三四百年前的老祖宗已经关注着国家的西部大地,看到了水色深幽而发黑的"泑泽",并且将它与北部中国大地的生命之源——黄河的补给源连在了一起。虽然,黄河源自青海扎凌湖、鄂凌湖的结论,隋唐以后已渐明晰,但还有罗布淖尔湖为又一源头的误解。这一基于表面观察基础上的构架,一直影响到清朝乾隆时代。当年,清朝政府曾派阿弥达前来西北,踏勘黄河之源。阿弥达受命,真的从华北平原走到了青海,并从青海追溯到罗布淖尔湖,记录了罗布泊的地理位置。但是,他也堕入了罗布泊是黄河之源的误区之中。

○ 1989年，本书作者从库尔勒市沿孔雀河谷直飞楼兰，俯视楼兰王国的母亲河——
孔雀河

1876年，沙皇俄国军官普尔热瓦尔斯基进入新疆，并在塔里木河尾闾地段发现了一个面积很大的淡水湖，与清朝地图中的罗布泊纬度位置差了1°。他没有全面考察，就过分大胆地宣称，这就是罗布泊，并判定清朝政府标定的地图错误。尽管这个结论受到德国地理学家李希霍芬的反对，认为普氏所见湖泊，应该是另一个湖泊。但普氏的观念，在20世纪70年代仍然存在影响。1974年的苏联《星火》杂志，还坚持认为这是普氏的"重大地理发现"，是普氏为其祖国争得的"荣誉"。

李希霍芬有关罗布泊的观点深深影响了斯文·赫定，他在既有争论的基础上、系统化、理论化地提出了一个著名的观点：罗布淖尔是"游移湖"。

1900年，斯文·赫定在孔雀河下游进行地理考察。随后，迈进了楼兰古国的废墟，并在古城废墟附近发现了一大片洼地，测定其海拔高程比普尔热瓦尔斯基公布的罗布泊高程要低。因此，他认为清王朝地图并不错，这里曾有过一个相当大的湖泊。普氏在此湖南边所见的淡水湖，是由罗布泊"游移"过去的，他称为"南"罗布泊，并于1905年正式宣布罗布泊的游移周期是1500年。因为楼兰废弃在公元4世纪，普氏发现南"罗布泊"是在19世纪，其间大概有1500年。至于"游移"的原因，他的解释是，入湖河水挟带着大量泥沙，泥沙沉积使湖底抬升，湖水自然向一个更低的洼地流泻；干涸湖床经过长时期风蚀后，抬升的湖底会降低。这时，新湖底又因泥沙沉积而抬升，湖水又会流泻入原来的湖区。鬼使神差，这个假说，竟好像还得到了1500年"游移"的例证。原来，在1921年，塔里木河进入喀拉库顺湖的河道，一是因为泥沙淤积，河床抬升，二是因为在拉依苏地方水磨要用水，有人在向拉依苏流向处挖了一个小口，这个流水小口，自然使塔里木河冲向拉依苏，形成了短短6公里长的河段——拉依苏河，通过这一河段，塔里木河大水就源源不断地斜向东北，进入了孔雀河，使几近干涸、存水不多的罗布泊水面大大增加。这一现象，使在20世纪20年代末30年代初重至罗布泊的斯文·赫定十分兴奋。因为从公元4世纪楼兰废弃，到20世纪初，差不多是1500多年。斯文·赫定的科学预言似乎就这样得到了证实。实际它却是一系列偶然因素而导致的假象。

20世纪80年代以后开展的大规模、多学科的综合调查，对罗布泊"游移"说，给予了科学的否定。

罗布淖尔湖的准确位置，清王朝时期测定的地图实际是不错的，它就在北纬 40° 以北，也就是成书于 5 世纪的《水经注》所描述的"水积鄯善（今若羌绿洲）之东北，龙城（罗布泊北部风蚀雅丹群）之西南"。它的海拔高程准确测量低于 780 米；而自罗布泊向南，有喀拉库顺湖，海拔高程为 790—795 米，比罗布泊高出 10—15 米；喀拉库顺湖更南，还有台特马湖，海拔高程为 807 米，较喀拉库顺湖又高出 12—17 米。在罗布淖尔荒原上，这三个湖泊之间，有水汊相通，只是三湖之中，罗布泊地势最低，自然成为洼地上的集水中心。如果三湖之水互相游移，只能是自南而北，水从台特马湖、喀拉库顺湖向罗布泊湖集中，而不可能由罗布泊湖向南倒流。

至于湖底因沉积和风蚀而不断抬升、降低的事，实际考察也否定了这一皮相的推论。罗布泊的主要补给河——孔雀河，源于博斯腾湖，水流清澈碧莹，入湖之水挟带泥沙极少；塔里木河泥沙含量确实极高，洪水期含沙量达每立方米 6.5 公斤。只是河道下游坡降极小，大量泥沙在河床中淤积，河床抬升剧烈，因此，曾导致塔里木河下游经常改道，而得了一个"乱河"的称谓。塔里木河下游如是流泻，导致的结果是河道最后挟带进入台特马湖的泥沙量相当少，这和未经十分深入考察而只是一般的想象推论，有很大的距离。

在罗布淖尔地区综合考察中，中国学者曾经在罗布淖尔湖盆进行钻探。钻井取得的资料表明，罗布淖尔湖在 20000 年内始终积水，并未他移。在钻井深近 9 米处，经过取样测定，其沉积年代为距今

○ 今日台特马湖区地貌

○ 沙漠学家在罗布淖尔湖心钻井，寻求对荒
原环境变化的深层认识。斯文·赫定称：
罗布淖尔荒原因风沙沉积、湖底抬升，导
致湖体游移，影响波及环境、社会变化。这
一理论虽然影响巨大，其实并无事实支撑

20000多年，平均年沉积泥沙厚度仅0.43毫米；深1.5米处的沉积，测定年代为距今3600年左右，平均年沉积厚度为0.42毫米。这两组数据表明，自距今20000年前至距今3600年前，这1.6万年左右的历史时段内，罗布泊每年泥沙沉积厚度只有0.43—0.42毫米，也说不上剧烈。拿这个数据对斯文·赫定预测的1500年为一个游移周期进行估算：经过1500年的沉积，湖底也只抬升63厘米，不足1米。而喀拉库顺湖、台特马湖比罗布泊，要分别高出10米、20米，罗布泊的水，无论如何也是游移不到它们那里去的；更何况在罗布泊湖盆泥沙沉积的同时，喀拉库顺湖、台特马湖湖床也在同样进行着泥沙沉积呢！

　　行文至此，可以回到前面的论题上来。既然20000年以来，罗布泊始终存在积水，孔雀河也没有断流，但公元4世纪后，楼兰古城却停止呼吸、没有了生命，那么，楼兰城的死亡，就不能从罗布泊游移角度来说明，它必然存在着另一个与罗布泊水系变化没有关联或是关联不大的原因。

罗布泊"盈亏"

　　美国地理学家亨廷顿，1905年考察了罗布淖尔的地理环境。他从若羌经铁干里克，抵达库鲁克塔格山，再由库鲁克塔格山南麓的阿尔特密希布拉克向南，穿过罗布泊湖盆。匆匆走过一遭后，针对罗布泊是游移湖的理论，他提出了一个新观点：罗布淖尔湖是一个盈亏湖。论证是：罗布泊原为内陆海。2000年前面积极大。只是由于这片地区气候日益干燥，导致湖泊收缩，成了一个小湖。一旦气候转为湿润，水量增加，罗布泊又会成为一个大湖。干燥、湿润不断转换，导致罗布泊发生盈亏变化。而人的生存空间与水体的变化是紧密关联的，雨量减少，气候变干，畜群会减少，农业不能正常维持，居民就会他迁。历史上的楼兰，楼兰王国境内的城镇、绿洲，于是相应地发生变化。

检索历史文献，罗布泊湖盆、湖水虽不能游移，但历史上的确发生过相当大的变化，有过盈亏。《汉书》记载它"广袤三百里，其水停居，冬夏不增减"；清代文献《辛卯侍行记》记载罗布泊水大时仅仅"东西长八九十里，南北宽二三里或一二里不等"，水面已经很小。而1921年塔里木河水进入罗布泊后，水面又大增，直到20世纪50年代，罗布泊的面积还有2000多平方公里。

只是，罗布泊在历史上显示的盈亏，根本原因是因为湖水补给源发生改变，并不是由于整个地区变得气候干燥，导致湖泊水量变小。湖水增多，也不是因为这一地区的气候转为湿润，使降水量增加。

地质研究对罗布淖尔地区的气候环境有一个总的分析。在距今约200万年的第三纪晚期，新疆塔里木盆地是暖湿带干旱性气候，塔里木、罗布淖尔地区已是一个干旱的地理环境。而进入与人类关系十分密切的第四纪，青藏高原及其周边整体抬升。到全新世初期，目前的地理格局基本成形，印度洋、大西洋的水汽已不大可能进入

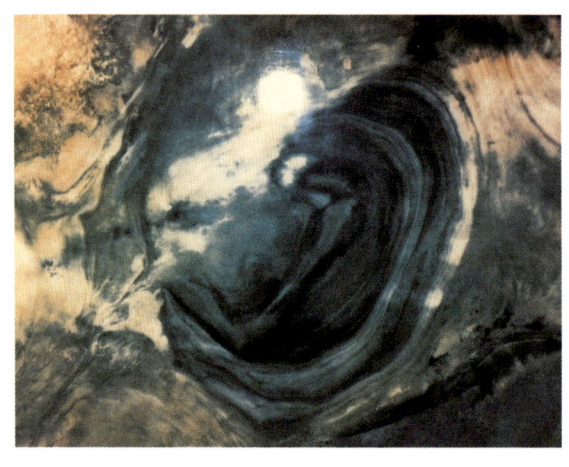

○ 从卫星上看罗布淖
尔湖，形似一个
"大耳朵"。耳轮表
现湖面的缩小，
1972年终至寂灭

塔里木盆地、罗布泊洼地之中，气候处于一种相对稳定的、干旱的
状态。

科学家们近年在罗布泊湖盆中的钻探资料，为此提供了直接的
证据。

由于植物对气候变化的反应特别敏感，因此通过罗布泊湖盆钻
探取得植物孢粉，可以帮助分析气候状况。对20000年前湖盆沉积层
中的孢粉的分析表明，植物种类以灌木和草本植物占优势，尤其是
干旱耐盐碱的麻黄、藜、蒿等植物孢粉含量最高，最多可达98%。
这一植物群落与现代罗布淖尔荒原上的植物种类相当一致。至于罗
布淖尔荒原上常见的植物，如胡杨、柽柳、白刺、麻黄等，都是第
三纪的残留植物。这些资料说明，从第三纪晚期以来，经第四纪晚
更新世、全新世，直到今天，这片地区气候干旱，这一植物群落基
本特点并没有改变。

对我国大气候环境在最近5000年内的变化，著名气象学家竺可桢教授进行过认真研究。他以大量有说服力的论据阐明，在这一时段内，我国气候曾出现过干冷和暖湿相交替的现象，这对塔里木盆地和罗布泊地区自然也有影响，高山、冰川、雪线、平原水量相应出现过变化，但这一变化只是局限在干旱气候条件下的微小波动，并没有改变塔里木干旱环境这一基本特征。

因而，亨廷顿提出的气候条件剧烈改变导致降水量的变化，使罗布泊湖水或盈或亏、人类因而他徙这样一个理论，并不符合基本的事实，也不能对古楼兰城的废弃提供科学的说明。

与斯文·赫定、亨廷顿观点稍有不同，在楼兰及罗布淖尔荒原上付出过相当多精力的斯坦因提出：楼兰废弃的原因，在于滋养楼兰绿洲的河流水量大大减少，绿洲的农牧业生产无法正常运营。至于河道水量的减少，则与补给河流的冰川密切关联：因气候逐渐温暖，冰川融化加快，但高空气流带来的水汽却不多；补充不足而消融变快，使孔雀河、塔里木河等相关河道水量急剧减少，最后导致楼兰古城及与之相关的一系列古代绿洲毁灭。

与这一观点相类的还有苏联地质学家B.M.西尼村提出的"气候变干论"。西尼村于20世纪50年代末曾在罗布泊地区进行了科学考察，面对强烈的吹蚀作用，不断扩大中的沙漠，河水减少、植物衰亡、人类和动物生存条件恶化等在罗布荒漠中随处可见的现象，认为在亚洲中部地区第四纪以来，气候变干，而且还在不断发展之中。这一观点，与前面介绍的亨廷顿、斯坦因的观点实际类同。西尼村描绘了一幅森然可怖的景象，作为气候变干的论据，如"枯死林绵亘在大戈壁沙漠的边缘，几乎成连续的带状"等，可这种景观和现象实际却是推翻他的论点的基础！因为，气候干燥、恶化，必然导致整个地区植被变化，大面积成片死亡，而绝不会只导致树木成"连续的带状"枯死。这种植被呈"连续带状"死亡的景观，恰恰说明，这带状连续的林带是依附相关河流而生存的；河道、水系的改变，有关植被敏感反应，趋向死亡，它是河道变化的结果，而不是气候整体变得更加干燥的产物。

类似的观点，还有一些，但不外乎都是由水流、气候变化衍生出来的，而关于第四纪罗布淖尔地区一直是干旱型气候及水系河道的基本情况，却都没有给予足够的重视。

人，是罗布泊大地变化的最能动因素

从上述地质地理探险学者们的观点，可以看到一个基本相同的特征：他们对罗布淖尔大地上严酷的干旱地貌景观、楼兰绿洲在2000年内由繁荣沦为毁灭的惊心动魄的现实有强烈的感受。在分析这一沧海桑田的巨变时，他们无一例外地注意到了水流、干旱、气候等自然地理条件因素；但也都同样地将人类社会活动的因素放在了一边，没有纳入讨论的范围。

这实在是一个不应轻视、十分重大的失误。

前面曾经强调，在第三纪晚期至今，整个第四纪地质阶段，西域大地始终是一个干旱的气候环境。任何变化，都只是干旱气候这一基本特征下面的变化。降水、河流、植被、蒙古高原季风的吹蚀……都是在干旱气候条件下运行着，循着既往的轨迹，在罗布荒原烙印下自己的印记。

在所有这些以"千年""万年"为尺度，才可以稍显变化的因素之中，唯一出现的全新因素，是在去今1万年前这里开始有了人类的活动。不论是斯坦因、黄文弼、贝格曼的考古发掘，还是我们在20世纪80年代配合石油钻探而在这片地区进行的考古普查，在罗布淖尔湖周围，尤其是孔雀河下游尾闾三角洲地带，都见到了这一阶段人类遗留的细石核、剥打的细石叶、桂叶形石刀、细石镞、打制青玉小斧……在后来成为罗布荒原上经济、文化中心的楼兰古城中，不仅曾采集到各种细石器，还发现过磨制光洁、造型规整的白玉斧。在整个20世纪，中外考古学者无不注意并报道过这类考古文化现象，表明最迟到去今1万年以前，罗布荒原上已经有了早期游牧人在活动。这片地区，是塔里木盆地以东地势最低洼的所在，是帕米尔高原、喀拉昆仑山、天山等山系诸多河道的最后汇聚之处，淡水丰沛，植被繁茂而丰富，野生动物出没，这是人类生存、发展的适宜空间。

人类的生存、发展，不会只是消极地依托于这一环境；往往会无意识地以掠取、破坏这一环境为代价，求得生存状况的改善和生活水平的提高。因此，在相当脆弱的干旱荒漠地区生态环境中，增加了"人类"这一能动的因素后，既有的、在长期自然淘汰过程中

○ 青玉斧，采自楼兰附近的风蚀地上

○ 白玉斧，采自楼兰古城中

形成的环境平衡，立即面临着一个新的、不断发展的、不断增强的、来自人类的破坏因素。就罗布淖尔居民而言，人们障风避寒，防止野兽的袭击而盖房造屋，必须使用木材；烧火取暖，煮肉做饭，离不开烧柴；日常生活中的盆盆盘盘，盛水吃食用器，也要砍取木材；在孔雀河上来去的独木舟，还是使用巨型胡杨木掏挖成船；生活的每一天、每一刻、每一个环节都在向胡杨林、柽柳丛、芦苇荡索取。直至最后告别这个世界，人们制作埋葬死者的船形木棺、陪葬死者的木人、随葬的器物，营造如"太阳墓"和丛林般辉煌的小河五号墓地等，仍然要大量使用木材。认真计算一下，一个人，从他来到这个世界，到最后安卧在荒漠之中，一生要砍伐、毁损多少胡杨！一个部落群体、一个绿洲王国，一天天、一年年，在持续几百、上千年后，对他们所在的孔雀河谷，只是破坏丛林这一点，就会对环境造成多么严重的损害，这实在是一个不能低估的巨大数字。据测算，在干旱的罗布淖尔大地，在楼兰城周围，胡杨林覆盖面积最大曾达40%以上，胡杨树直径达50厘米，有的甚至两人才能合抱。胡杨这类耐盐碱植物生长是很缓慢的，茂密的植被是长时间累积的结果。但在人类以此为中心活动后，植被却随时在面对着无情的破坏。虽然只要有水，林木可以再生；但这一再生的速度，无论如何也赶不上不断繁衍、增殖的人类对它们的砍伐。林木减少，土壤蕴含水分的能力随之降低，季风对土壤的吹蚀作用就会增强，沙漠化过程必然加快，这就又直接从另一方面摧残着人类自身生存的基础。

在分析人类自身对罗布淖尔大地环境施加的消极影响时，除前

○ 楼兰城郊枯死的胡杨林

面提到的对植被、林木的破坏外，还必须注意的一个重要的因素是水。

　　地势最低的罗布淖尔楼兰绿洲，是依靠孔雀河、塔里木河为补给源的洼地。孔雀河水全部注入了这片洼地；塔里木河水注入台特马湖、喀拉库顺湖，也可对罗布淖尔湖给予补充。在这些水系少有人类活动时，其下游河谷尾闾三角洲地带会是河水丰沛、林木葱郁、芦苇茂密、野兽出没的比较适宜人类生存的地带，人们也很容易循着天山、库鲁克塔格山，沿着孔雀河谷进入这片地区，营造新的家园。但随着时代发展，在孔雀河上游、塔里木河上游，绿洲也会扩大，经济会进步，人口也会不断增加。

以孔雀河水系为例，如居于孔雀河上游的焉耆王国（焉耆盆地，孔雀河源头在此），居于孔雀河中游的尉头（今库尔勒地区）、墨山国（也称山国，居尉犁、营盘一带），随着社会人口增加、农业垦殖频繁，对孔雀河水的需求肯定就会不断增加，而上、中游用水量增加，就会直接威胁到处在孔雀河尾闾地段的楼兰。就这一点来分析，楼兰王国是处于绝对劣势，没有力量与上游、中游的王国进行抗衡的。而结合对汉晋时期这一地区历史发展的认识，这里的形势确实发生过很大的变化。不论汉王朝还是匈奴王国，都对这片地区特别关注，匈奴在这片地区内设置过僮仆都尉，汉晋王朝西域长史府属下主要屯田基地、继后的西域都护府，也都放在了这片地区。政治形势、经济建设，都意味着在这片地区内人口会有很大的发展。虽然我们目前还无法提供一个比较精确的数字，包括孔雀河水流量，汉晋时期孔雀河水系范围内的人口、农田、牲畜等相应的发展、变化情况，因而不能从这一角度提供比较具体的分析，但从楼兰出土之魏晋时期的简纸文书看，驻节在楼兰城中的西域长史府在屯田生产中最严重的问题，就是灌溉用水无法保证，日渐见少。如相应的简牍文字"从椽位赵辩宗谨案文书城南牧宿以去六月十八日得水适盛"，大意是说楼兰城南在夏日旺水季节，得水适盛，被作为一件大事上报，可见当时楼兰人对水的渴望。又如"史顺留矣□□为大涝池深大又来水少许计月末左右已达楼兰"，因为水量不足，不是什么时候都可以得水，所以在楼兰附近，也挖了在丰水期蓄水、储水，既大又深的涝坝（大涝池），但是却来水不多。在《水经注》中，还留下了汉代索劢修堤筑坝，以提高水位，保证屯田灌溉，"灌浸沃衍，胡人称神"的故事。这些断简残篇、历史传说，当然不足以显示事物的全貌，但可以说明这一时期楼兰城所在的孔雀河下游尾闾三角洲，已感受到严重的缺水危机。

公元4世纪后，楼兰逐渐废毁，还有一个重要的因素不能忽视，这就是它在丝绸之路上的关键地位发生了变化。楼兰在两汉、魏晋时期，跃升为丝绸之路南、北道上的枢纽城镇，并不是因为自河西走廊出玉门关、阳关过三陇沙，过白龙堆（龙城）入楼兰的这条路线方便于行走，而是因为匈奴控制着哈密、吐鲁番、准噶尔等地，只能从这片十分难于通过的沙漠、雅丹地带觅路而行。决定交通路线的主要是政治的原因，而不是地理环境的原因。

我们只需对三陇沙、龙城雅丹的地貌稍有了解，便可以明白这一结论的正确。

《汉书》中提到的三陇沙，实际是坐落在罗布泊东北面阿奇克谷地东段的一片沙漠，面积达100平方公里，其间有三列隆起的基岩，所以得到"三陇沙"这一名称。这些隆起的基岩，经千万年的水侵风蚀，又化成难以通行的雅丹。在罗布泊地区，气候是极端干燥的，年降雨量不过10毫米上下，但傍近山地降水却相对较多，偶发的对流型阵雨，阵发性强、时间短，一旦降水，势如瓢泼，加上地表无任何植被，往往形成洪流，对疏松地表会产生强大的冲刷作用。三陇沙雅丹，实际就是在巨大山地洪水冲刷下出现的一种雅丹地貌。这片雅丹的走向，多是东南—西北向，与盛行的东北季风正相垂直，

○ 三陇沙地貌图

而与山地洪流却方向一致。因此，蚀余土丘都呈现出排列得十分整齐的阵势，有如一支停泊在海湾的大型舰队。土丘一般高度都在10米以上，甚至高达15—20米，长200—300米，成行成列。而其下部，则是滚滚流沙，沙面波纹起伏，恰似沙河。明朝吴承恩在其《西游记》中描写的流沙河，指的就是这片沙漠。我们在前面提过的法显在《佛国记》中说"从敦煌沙河，行十七日……沙河中多有恶鬼热风，遇则皆死，无一全者。上无飞鸟，下无走兽，遍望极目，欲求度处，则莫知所拟，唯以死人枯骨为标帜耳"，指的也是这里。在历史上没有很好的指示方向的工具，要穿越这样的流沙真是谈何容易？匈奴王国只在关键的绿洲地段侦伺汉王朝西行的使节，而听

○ 罗布淖尔湖东北的雅丹，传称的"龙城"

任他们在三陇沙、龙城中穿行，就是看准这些路段实际是交通上的死地，一般人是很难逾越的。

过三陇沙后，进入楼兰绿洲的又一道天然阻障就是坐落在罗布淖尔湖北岸的风蚀雅丹群——白龙堆，面积近3000平方公里。这片雅丹，土基是灰白沙泥岩夹石膏层，色泽银白，一般高度有10—20米，长达200—500米，一条条延伸铺展，有如蜷伏在大漠上的一条条巨龙，因而早在汉代就已经有了"白龙堆""龙城"的大名。北魏郦道元撰《水经注》，描述这片地貌是"蒲昌海（罗布淖尔湖）溢……浍其崖岸，余溜风吹，稍成龙形。西面向海，因名龙城"。因为楼兰城在罗布淖尔湖西北，由丝路北道进入楼兰，必须首先穿过这片地貌十分复杂的白龙堆雅丹地。

由于道道风蚀土丘地貌相同，层层列列，穿行其间而不迷失方向是十分困难的。1979年，我带领一支考古队进入孔雀河下游，在这片雅丹地中曾经有切身的体验，进入雅丹林后，立即如步入迷宫，路线曲折回环，极难遵行一个方向行进，一队人彼此间注意联络，但总是可以听到呼喊，却难见呼喊者的身影。我们驾驶一辆八座吉普车，在雅丹地里穿行了两个小时，拐了86个弯，直线距离才行进了11公里。

在这样的土丘林中行进，没有当地土著作为向导，是难以走出这雅丹迷阵的。《汉书》中记录，楼兰国人在丝路上导引方向，负水担粮，不胜其苦，看来确有其事实根据。

除了沙河、雅丹，还有上百公里的荒漠，无水无人的一条交通线，行进是极艰难的。在这样的情势下，如果有另一条更便于通行的路线时，人们会立即做出抉择。《三国志》卷三十注引的《魏略·西戎传》就说："从玉门关西北出，经横坑，辟三陇沙及龙堆，出五船北，到车师界戊己校尉所治高昌，转西与中道合龟兹，为新道。"这清楚地表明，避开三陇沙及白龙堆，另觅新道，实际是当时社会政治经济生活中的一个迫切要求。

进入公元4世纪30年代，政治中心在河西走廊的北凉王朝占领了高昌，公元327年，在高昌设郡，在傍近的柳中城设田地县。经过高昌郡进入塔里木盆地，成为优于楼兰的新道。

楼兰在丝路中心这一地位的丧失，是楼兰被废弃的重要原因。

作为西域长史的驻节地、屯田中心，楼兰曾经是西域首要的政治、经济、交通中心。这时，即使上游来水减少、植被破坏，屯田生产面临着困难，沙漠、雅丹、盐漠相继，与四围交通也并不方便，但只要楼兰这一地位不变，通过强大有力的组织功能，引水修渠，总还可以维持和发展。而一旦西域长史撤离，屯田放弃，交通路线转移，楼兰就会立即从西域大地的中心变成少人问津的荒村。这样的例证，在社会生活中是屡见不鲜的。20世纪70年代后，由于高等级公路改变路线，新疆的七角井、达坂城立即由繁荣陷入冷落的过程，也可为上述观点提供现实的佐证。

楼兰古城在4世纪中叶以后逐渐荒废，不只是因为大家极力强调的缺水，还有一个十分有力的反证。

公元7世纪初叶，由于高昌城逐渐在丝路交通上具有不可轻估的地位，商税收益使高昌的统治者志得意满，甚至觉得自己有可能割据一方。麴氏高昌王国在这一思想驱使下，与西突厥乙毗咄睦可汗结盟，把持丝路交通，对抗、阻挠唐王朝进入西域。面对这一情势，焉耆国王龙突骑支就向唐太宗李世民提出建议：焉耆可以配合唐王朝，重新开通自敦煌经三陇沙、白龙堆，自孔雀河谷进入焉耆的"碛路"，打破高昌对丝路交通的垄断。唐王朝最后虽然没有做重开楼兰"碛路"的努力，而是快刀斩乱麻，用军事力量平定了割据的高昌，在高昌王国统治的吐鲁番盆地设置了由中央直接管辖的西州，使丝路交通更为通畅。但是，我们从焉耆王龙突骑支的建议中，可以清楚看到，虽然从4世纪中叶以来，楼兰"碛路"已荒废二三百年，无人行走，但只要进行有组织的整理、建设，恢复其交通地位，还是可以做到的。这就从另一角度证明：4世纪中叶楼兰"碛路"被废弃，绝对不只是自然地理方面的原因，而有社会的、人为选择的

○ 当年，斯文·赫定在罗布淖尔考察时，可以在湖上泛舟

○ 尉犁县境内的大西海子水库。水库储水之日，也就是孔雀河下游罗布淖尔湖最后寂灭之时

因素在发挥作用。

历史告诉我们，20世纪30年代，斯文·赫定还能用独木舟从孔雀河进入罗布泊，在20世纪五六十年代，孔雀河也没有断流。从1972年美国地球资源卫星图片看，罗布泊最后完全干涸，是在20世纪70年代初才发生的事实。这一事实之所以出现，显然并不是与气候变干、雪线上升，孔雀河水流量减少，或孔雀河、塔里木河改道有关；而是上、中游农业生产发展，垦殖面积扩大，塔里木河、孔雀河水为一个又一个水库截流，才使下游化为荒漠，浩渺无际的罗布泊才消失了水的身影。换句话说：罗布淖尔其实只是化整为零，分散星布，被迫搬了家。导致这一切变化的因素，还是在于人，在于人类社会自身，在于人决定的水资源再分配。

讨论楼兰为什么会灭亡，会突然消失在沙漠深处，比较全面的结论应该是：楼兰的兴起与沉落，是在特定自然地理环境下人类社会活动的结果。

这就是在楼兰古城废墟凝积得最厚重、最深沉，也是最不应该被遗忘的历史教训。这个结论可以帮助我们在干旱地区的生活建设中，变得更聪明、更智慧。善待环境，也才有可能保有自身生存、发展的基础。一定要记住楼兰！记住它曾有的辉煌，也记住它遭遇毁灭的悲哀。

罗布淖尔大事记

公元前4000年	孔雀河下游河谷、尾间三角洲地带,多处采集到细石核、细石镞、玉石小斧、柳叶形石矛头等新石器时代遗物。足证罗布淖尔地区在去今10000年前至去今4000年前已有人类活动。
公元前2000年	孔雀河北岸、库鲁克塔格山南麓、古墓沟、孔雀河下游小河地区、铁板河一线,见具有印欧人种特征的居民遗存,经营以牧业为主、农业为辅的经济生产。牧放羊、牛,种植小麦、粟。
公元前1500年	小河居民迁离了孔雀河水系,西行进入塔里木河,继而进入克里雅河绿洲。公元前1300—公元前1200年前后,在克里雅河北方墓地留下了迁徙之遗迹。
公元前177—公元前176年	匈奴右贤王率军击败月氏。楼兰王国开始受制于匈奴。
公元前126年	张骞出使西域东返途中过楼兰,沿南山欲从羌中归长安。
公元前119年	汉使张骞第二次出使西域,过楼兰,至乌孙。
公元前111年	汉析武威、酒泉,更置张掖、敦煌,史称"河西四郡"。河西四郡之设,意在加强过楼兰、通西域的交通。
公元前108年	汉武帝刘彻以江都王建女细君为公主,嫁乌孙王猎骄靡。途经楼兰。楼兰数为匈奴耳目,为匈奴遮汉使提供方便。汉将赵破奴、王恢率军破楼兰,虏楼兰王。
公元前104年	李广利伐大宛,大军西过盐水(罗布淖尔),涉楼兰。
公元前103年	细君公主逝。汉武帝刘彻复以楚王戊之孙女解忧为公主,嫁乌孙。途经楼兰。
公元前102年	李广利再征大宛,过楼兰。

公元前 101 年	李广利班师回长安。兵盛。匈奴命楼兰候汉使之后过者。武帝命玉门关军正任文引兵捕楼兰王。楼兰王诉"小国在大国间,不两属无以自安,愿徙国入居汉地",楼兰遣一子质匈奴,一子质汉。
公元前 99 年	汉以匈奴降将介和王成娩为开陵侯,率楼兰兵击车师。
公元前 92 年	楼兰王死。在长安之质子坐法受刑,不能回国继承王位。楼兰更立新王,遣两王子分别质长安、匈奴王庭。
公元前 90 年	汉遣开陵侯率楼兰、尉犁、危须等六国兵再击车师。车师降汉。
公元前 89 年	桑弘羊建议:在轮台东开屯田;张掖、酒泉遣骑假司马为斥候,稍筑列亭,连城而西,以威慑西国,辅乌孙。事涉楼兰。汉武帝不允所请。
公元前 77 年	汉大将军霍光遣平乐监傅介子刺杀楼兰王安归。立其弟尉屠耆为新王。改楼兰国为鄯善。新王都城自孔雀河尾闾三角洲地带之楼兰迁往阿尔金山脚下之扜泥。汉派司马率士卒屯田伊循,以为屏卫。
公元前 60 年	匈奴日逐王先贤掸率数万骑降汉。汉命郑吉为西域都护,统管西域军政,自此,汉王朝之号令,颁行西域。
公元前 49 年	汉王朝在罗布淖尔北岸土垠设立居卢訾仓。遗址内见西汉木简 72 支,简文纪年最早为宣帝黄龙元年(前 49),最晚至成帝元延五年(前 8,实际已改元为绥和元年,西域不知),前后历 42 年。龟兹使者,伊循都尉、督邮等过此,均见记录。鄯善都城虽南迁扜泥,但楼兰城所具之交通地位不废。
公元 38 年	鄯善王安遣使朝汉。
公元 41 年	莎车王贤请置西域都护。东汉赐莎车王贤西域都护印绶,车骑、黄金锦绣。
公元 45 年	鄯善王、车师前部王、焉耆王等十八绿洲城邦皆遣子入侍,请求复置西域都护。

公元46年	莎车王贤命令鄯善王安阻绝与汉王朝交通,安不听。贤发兵攻鄯善。安迎战,兵败,逃亡山中。此年冬,安再遣王子入汉,更请都护,不果。鄯善、车师等被迫再附匈奴。
公元73年	大将军窦固击匈奴于天山,屯伊吾,遣假司马班超与从事郭恂使西域,超到鄯善,攻杀北匈奴使者,鄯善折服归汉。
公元94年	西域都护班超发龟兹、鄯善等城邦八国军兵7万人、吏士贾客1400人讨焉耆、危须、尉犁、山国。斩焉耆、尉犁二王首。西域五十余国均属汉。
公元107年	东汉置西域都护。北匈奴复收属西域诸国。遣使责各城邦,备其逋租、高其价值、严以期会。鄯善、车师对此皆怀怨愤,期事汉朝,其路无从。此时鄯善,已领有小宛、戎卢、且末、精绝等昆仑山北麓东段各绿洲。
公元119年	汉遣长史索班屯伊吾。鄯善、车师王降汉。
公元123年	班勇任西域长史,屯柳中。
公元124年	班勇率士卒屯楼兰。鄯善归汉。
公元125年	班勇发敦煌、张掖、酒泉6000骑及鄯善、疏勒、车师前部兵合击车师后部,捕斩车师后部王军就及匈奴持节使者。
公元143年	鄯善国遣使贡献。
公元222年	曹魏在西域设戊己校尉,鄯善遣使通魏。
公元233年	曹魏敦煌太守仓慈卒,驻楼兰西域长史为其发丧。西域商胡至此,痛悼仓慈。
公元283年	鄯善遣子元英入侍于晋。鄯善受晋封,为归义侯。
公元301年	晋以张轨为护羌校尉、凉州刺史。西域长史、戊己校尉皆隶张轨。
公元308年	晋封凉州刺史张轨为西平郡公。关陇士民多西徙凉州,或更自凉州西走以避战乱。

公元313年	晋拜张轨为镇西大将军,西平郡公。张轨加强与西域的联系。
公元314年	张轨卒,子张寔立,晋封张寔为都督凉州诸军事、西中侍郎、凉州刺史、领护羌校尉、西平公,悉统西域诸国。
公元325年	驻节楼兰城中之前凉西域长史李柏,积极与焉耆王龙熙联络,攻击不臣张骏之晋戊己校尉赵贞,李柏败。
公元328年	张骏发兵攻高昌,擒赵贞。楼兰城中西域长史营兵参与这一战役。
公元330年	鄯善等西域城邦向前凉贡献。
公元335年	张骏遣西域校尉、沙州刺史杨宣率军征鄯善、龟兹。鄯善王元孟向张骏献美人。
公元382年	鄯善王休密驮朝前秦,请伐大宛。
公元383年	吕光发兵长安。鄯善王休密驮为使持节散骑常侍,都督西域诸军事,宁西将军,与车师前部王弥真出二国兵为向导,西征龟兹。
公元400年	高僧法显西向印度,途经鄯善。
公元422年	卢水胡沮渠氏所建北凉王朝攻西凉敦煌,西凉亡。鄯善王比龙入贡北凉。
公元435年	鄯善王遣使向北魏纳献。
公元436年	北魏遣散骑侍郎董琬、高明等多携金帛使西域。西域十六国派使者随董琬入献于魏。
公元438年	鄯善王派遣其弟素延耆朝献于魏。
公元439年	鄯善朝献于北魏。
公元441年	北魏攻北凉沮渠无讳。无讳遣沮渠安周统兵西渡流沙,攻鄯善。魏遣使说鄯善王坚壁拒守。沮渠安周攻鄯善,不克。

公元442年	沮渠无讳率北凉余众万余家弃敦煌渡流沙,死攻鄯善。鄯善不敌,鄯善王比龙率余部4000余家弃城西走且末。沮渠无讳留安周守鄯善,自率主力攻高昌。
公元445年	沮渠安周令鄯善王真达封闭丝路南道。魏遣成周公万度归统兵攻鄯善。鄯善王真达迎降,万度归留军驻守鄯善,解真达至平城。南道复通。
公元447年	鄯善向北魏遣使朝献。
公元448年	北魏以交趾公韩拔(一作韩牧)为征西将军、鄯善王。在鄯善赋役其民,比之郡县。
公元452年	北魏命王安都任鄯善镇将,在此前后,还曾任命高猛虎为鄯善镇录事。
公元470年	柔然入侵塔里木盆地诸国,占鄯善。
公元475年	法献西行,经鄯善。鄯善在芮芮(柔然)统治之下。
公元492年	高车(丁零)与柔然争夺塔里木盆地,击破鄯善。南齐使者江景玄使丁零,亲睹"鄯善为丁零所破,人民散尽"。自此,鄯善徒存其名而已。
公元493年	北魏封吐谷浑王伏连筹为"使持节、都督西陲诸军事、征西将军、领护西戎中郎将、西海郡开国公,吐谷浑王"。鄯善、且末均在吐谷浑统治之下。
公元518年	宋云、惠生使西域,过鄯善。见鄯善城统治者为"吐谷浑第二息宁西将军"。
公元542年	且末国王之兄鄯米率部众内附于西魏。
公元609年	隋设鄯善、且末、西海、河源四郡。
公元645年	唐玄奘印度游学返国,沿昆仑山北麓东归,凭吊且末、纳缚波等楼兰、鄯善古城。

下篇　尼雅

1 精绝国在尼雅沙漠中

《汉书·西域传》记西域三十六国，有一个叫"精绝"。它与楼兰东西遥隔一千多公里。精绝小国所在的绿洲，叫尼雅。精绝，已经消失得太久，在今天人们的心目中，已少有印象。但它所在的尼雅绿洲，却因100多年来的考古活动，而名扬世界，在国人心中，也存留着十分鲜活的记忆。因此，不少人提及尼雅，往往也蕴涵后代精绝的历史文明。

失落的古国——精绝

"尼雅遗址"位于昆仑山脚下民丰县境内，深处塔克拉玛干沙漠之中。源自昆仑山冰川的尼雅河水，当年曾流泻至此，养育了精绝国的子民、土地，获得了生存、发展的力量。尼雅，使得漫漫黄沙中，有了一小块生命的绿洲。历史的机缘，曾使它一度肩承起了丝绸之路交通要冲的责任。在不算太短的时间内，传递、沟通了各色文明，为人类历史的进步发展做出了贡献。但不过短短数百年，曾是驼来马往、热闹非凡的小城，却又了无声息地沉落在漫漫黄沙之中，形若庞贝。它耀眼地升起、无言地沉落，给世人留下了无尽的悬念。

失落的汉代精绝王国，沙丘中散落的民居，宅第前整齐排列的

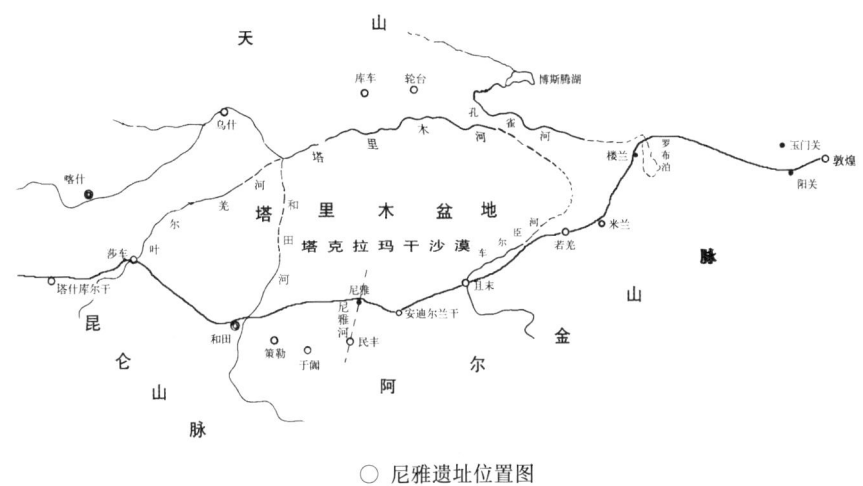

○ 尼雅遗址位置图

行道树，宅后的果园，在在都凝聚着文献没有道及的古代精绝王国的历史遗痕。精绝以及她曾经依存的尼雅河下游生存空间，离开我们不过一千五六百年，就从鲜活的绿洲转化成了没有生命痕迹的死亡世界。这去今不算太远的殷鉴，自然有值得我们探寻、吸取的经验和教训。

据自然地理形势，在塔克拉玛干沙漠南缘存在的古代绿洲王国，只能依凭源自昆仑山冰川的几条内陆河，如和田河（旧称和阗河）、克里雅河、尼雅河、安迪尔河、车尔臣河等而存在。离开水系灌溉范围，就是人类无法生存的沙漠。因此，根据古代文献所列丝绸之路南道经过的几个绿洲城邦，就有可能大概判定有关王国所在的地理空间，甚至在这一水系中比较具体的位置。我们以《后汉书》中比较简单明白的一则记录为据，申说这个道理。《后汉书·西域传》中说，丝绸之路南道当年行走的具体路线，是"出玉门，经鄯善、且末、精绝，三千余里至拘弥"。汉代鄯善王国，其政治中心就在今阿尔金山脚下、若羌河畔的若羌绿洲，势力及于罗布淖尔。而且末王国，则位于且末河（车尔臣河）流域；拘弥，即扜弥，位于今天克里雅河。如此排比下来，且末与扜弥之间的精绝，就只能在尼雅河水系内去觅求了。

正是根据这一看似简单、实际却极具说服力的原则，19世纪末叶，研究中亚的法国学者格伦纳（Grenard）就曾提出一个观点，要寻找《汉书》中提到的精绝王国故址，只能在尼雅河水系内去觅求。具体点说，在今天尼雅河水断流处的伊玛目·伽法尔·萨迪克玛扎（俗称"大玛扎"）向北，进入沙漠之中，就有可能发现汉代精绝王国故址。这是一个很聪明的逻辑推论，可惜他只是纸上谈兵，并没有进入大玛扎以北沙漠中实施科学的考察。英国学者斯坦因的运气要好得多，1901年，他呼应着那一特定时代的政治气候，在英国、印度政府的全力支持下，实现了进入尼雅河北部沙漠的计划。看他的行记、考古报告，他这一次找到尼雅，实在没有什么困难：有清朝地方政府协助，当地猎人导向，可以说不费任何周折就直接步入了尼雅废墟之中。从考古学研究角度说，他是以学者身份进入尼雅的第一人，自然，向世界报道发现了尼雅遗址的桂冠戴在了他的头上。从尼雅出来后，根据遗址的地理位置，他也认定这就是汉代精绝王国故址。

○ 尼雅废墟景观

尼雅出土的佉卢文木牍中，就记录所在遗址的名称是"凯度多"（Cadeta）。学者们研究，汉代所称"精绝"，实际就是"凯度多"的音译。从读音看"精绝"与"凯度多"也确实彼此相近。这里，我们要强调的是，汉朝学者将"凯度多"译写成"精绝"，实在是寄托着当年中原王朝对丝绸之路南道及精绝王国相当积极满意的感情，文辞富含褒意。解析一下"精"字，意思是"惟精惟一，允执厥中"，这就把精心一意、虔心服从汉王朝中央的美意寓含在内了；加上"绝"，更有赞誉这一绿洲王国之美好已臻于绝顶的味道。如是看来，这一翻译，真可谓是音义俱佳。译笔如是，用"高明"二字来形容是一点也不为过的。

在中国学术界，尤其是史地研究界，普遍认同尼雅就是精绝王国故址，应该主要归功于王国维。王国维在20世纪初见到斯坦因关于尼雅的报告及汉文简牍，很快就发表文章，充分肯定了斯坦因的判断。他从历史地理学角度，在《〈流沙坠简〉序》中申述："尼雅

○ 这支木简上有"汉精绝
王承书从"等文字，直
接证明了尼雅废墟是精
绝王国的故址

废墟，斯氏以为古之精绝国。案今官书，尼雅距和阗七百十里，与《汉书·西域传》《水经·河水注》所纪精绝去于阗道里数合，而与所纪他国去于阗之方向、道里皆不合，则斯氏说是也。"王国维的学养，素受尊崇，他对尼雅遗址性质的肯定，自然成了中国西域史地研究学界一致认可的结论。这进一步推进了有关尼雅考古资料的认识和研究。

要从考古文物角度找到尼雅是精绝王国废墟的直接证明，再没有比斯坦因第四次（1931年）尼雅之行所获得的资料更好的了。在这次进入尼雅时，他曾背着监管人员不得动土的指令，让随从在遗址区内掘获26枚汉文木简，其中之一用工整的隶体书写着"汉精绝王承书从"等字，它直接清楚地肯定了木简出土的所在废墟确实就是汉属精绝王的住地。只可惜这件重要文物的照片，在时隔65年后才在中国学者王翼青教授的努力搜求下重见天日。

精绝历史觅踪

在通过文物觅求精绝物质文明史之前，我们先大致了解一下湮没在浩如烟海的史籍中的精绝王国史踪，认识一下将精绝推到历史前台的亚洲东部地区的政治背景。

在面积达30万平方公里的塔克拉玛干大沙漠中，深藏其腹地、占地只有180多平方公里的尼雅河下游绿洲，只是沙海中的小小孤岛；活动在这绿岛上区区数千人口的精绝子民，主要生活空间也就是沙漠中的尼雅河以及河边有限的土地。外面的世界对他们十分遥远而模糊，他们既不了解，也没有联系，更谈不上对其施加什么影响。他们的命运、喜怒哀乐、寄托与追求，只与河水的涨落、收获

○ 迂回曲折流向沙漠的尼雅河水

的丰歉、牛羊的膘情相关；他们的生活，就像尼雅河，平静而安详，慢慢流淌。

只是人类世界从来就不是孤立的，也不可能总是只在一个狭小的空间中独自前行。从战国后期到西汉王朝代秦而立，在祖国的西北大地上，风起云涌，一次又一次巨大的政治、军事变动，迅速改变着西域大地的色彩，一点也没有考虑到精绝这类绿洲居民会有怎样的意愿、追求，就把世外桃源般的区区绿洲社会卷进了汹涌变化的时代潮流之中。

公元前140年，汉武帝刘彻即位。他虽还只是16岁的青年，却雄才大略，迅速改变了其祖辈、父辈对北方强大敌手匈奴王国退让、求和的政策，以父辈们积聚下来的比较厚实的经济、军事力量为基础，决策在军事上反击游牧帝国不时的侵扰，阻断他们对北部中国的劫夺。因此，决定通西域、寻羽盟，共击匈奴。这就有了公元前138年张骞出使西域、招引大月氏东归的行动。万里之外，这些初看与精绝国人毫无干系的一些事，却快速、深刻地影响并改变了他们的生活。沙漠深处十分平静的绿洲，好像突然没有了沙漠的屏障，缩短了与外面广大世界的联系，成了不少陌生人关注的所在。

在汉武帝派张骞通西域之前38年，也就是公元前176年，匈奴曾派人向汉王朝通报，他们已经定"楼兰、乌孙、呼揭及其旁二十六国，皆以为匈奴。诸引弓之民，并为一家"，西域主要地区已在匈奴的统治之下。而其统治西域的"僮仆都尉"，就驻守在塔里木盆地的东北部——今天的库尔勒附近。这一基本形势决定了不论是衔命首赴西域的张骞，还是他的一批又一批后继者，当年要从长安经过河西走廊进入新疆，翻越帕米尔高原，进抵阿富汗、伊朗、印度北部，甚至地中海周围，最好的路线自然就是避开匈奴重点控制的地区，即天山以北草原、天山南麓人烟较为稠密的丝绸之路北道，在塔克拉玛干沙漠南缘伺机觅路而行。在沙漠中来去，不仅对行路者的体力，而且对行路者的意志都是重大考验。除了屈指可数的几个绿洲居民点外，千百公里内，沿途没有水，没有草料，遇不见人，茫茫沙漠极难辨识方向；此外还要忍受除饥渴外难以排遣的孤寂。它唯一的优点，就是可以避开匈奴侦骑的目光，求得安全。这就是当年丝绸之路南道的基本情况。然而，"通西域"仅靠这样的交通，当然不能适应要求。

所以，在西汉王朝前期终汉武帝刘彻的一生，为了在政治、军事上彻底击破匈奴对西域的控制，打通华夏与西部世界的来去的通路，进行了持续不断的努力。开河西四郡、收楼兰、联乌孙、征车师、伐大宛，极力经营以罗布淖尔、若羌地区为中心的鄯善。数十年的腥风血雨，到汉宣帝刘询即位后，情况终于有了彻底的改变。经过鄯善王国，沿阿尔金山、昆仑山西行的路线已完全通畅，标志是：汉宣帝刘询在公元前62年，宣布任命行伍出身、见识过人的郑吉为卫司马，"护鄯善以西使者"，"使护鄯善以西诸国"。说得明白点，就是由郑吉率领一支部队，负责维护丝绸之路南道的交通往来，保护使节、行旅安全，同时保护鄯善以西诸国，即《汉书·西域传》中列有专传的"且末""精绝""扜弥"等。西域全境这时虽还没有

○ 昆仑山形势图

完全被西汉控制，但南道一线的沙漠绿洲——精绝等，已经在西汉王朝的监管下，为丝绸之路安全通行奉献自己的力量了。

此事从另一个角度说明：匈奴的势力已经被清除出了塔里木盆地南部，一个崭新的时代业已开始。

张骞、郑吉等人向汉王朝提供的资料，应该是《汉书·西域传》中形成鄯善、且末、精绝、扜弥等诸传文字的根据。涉及精绝，只不过短短81个字："精绝国，王治精绝城。去长安八千八百二十里。户四百八十，口三千三百六十，胜兵五百人。精绝都尉、左右将、译长各一人。北至都护治所二千七百二十三里，南至戎卢国四日行，地厄狭。西通扜弥四百六十里。"只是小绿洲的国名、人口、兵员、官员设置与相邻绿洲的距离及道路状况等，是一些最基本的、在维持南道交通上少得不能再少的资料，是为现实的政治、军事、交通服务的最核心信息。其他什么居民种族、语言、社会经济、生活状况、文化思想观念等等，张骞、郑吉当年想必了然于胸，汉王朝统治者也会清楚了解，但史籍却一概阙如。

在与此相关的鄯善、且末传中，情况类同，没有忽略的只是与"路"有关的信息："鄯善当汉道冲，西通且末七百二十里"，且末"西通精绝两千里"，精绝"西通扜弥四百六十里"等，通读下来，自鄯善、且末、精绝到扜弥，这条路线的走向、道里交代得清清楚楚，使节、商旅来去，可一目了然。核心是"路"，是通向西部世界的桥梁。

自公元前1世纪中叶到西汉末年，西汉王朝比较稳定地统治着新疆。从尼雅出土的王莽时期的木简看，中原王朝政令还可以顺畅到达精绝。在这近100年的时段中，社会安定，丝绸之路通畅，在精绝王国历史上，是一段变化虽迅速，却也较为美好的时光。

西汉末年，统治阶级日益腐朽。西汉王朝及代之而生的王莽政权，被埋葬在了农民起义的烈火之中。此后，西域大地也失掉了往昔的安定而变得祸乱迭起：先是匈奴卷土重来，"税敛重刻，诸国不堪命"；继之叶尔羌河谷的莎车王国，高擎抗匈大旗扩张势力，一度成为西域大地的霸主；东汉王朝初立，经济实力不足，对西域各城邦请求再立西域都护的呼声无力回应，只能说"今使者大兵未能得出，如诸国力不从心，东西南北自在也"，这就使西域大地各绿洲王国，彼此"更相攻伐"。《后汉书·西域传》中说，昆仑山北麓东段小国"小宛、精绝、戎卢、且末为鄯善所并"。接着又说，"渠勒、皮山，为于阗所统，悉有其地。郁立、单桓、弧胡、乌贪訾离为车师所灭。后其国并复立"。这些西域历史发展过程中的重大事变，就这样一笔带了过去。具体到精绝，它何时亡于鄯善，"复立"在什么时间，没有交代。从《后汉书》引文先后推断，精绝亡于鄯善大约在汉明帝永平十六年（73）之前。至于此前莎车王称雄后是否曾将精绝收于麾下，则文献失录。亡于鄯善后，因为什么机缘而得复立，复立过多长时间，也渺无线索可寻。而这段历史，正是精绝考古中最为关键的时段。基本历史资料缺失，对相关考古研究既是挑战，也是不小的困难，以至研究精绝历史的学者们，至今在这一问题上众说纷纭，难得一致见解。

东汉以后的历史文献，有一些地方偶然提到精绝，但几乎都没有细节的补充。如《三国志》中注引的《魏略·西戎传》在提到精绝时，只是说："南道西行，且志国（且末之误）、小宛国、精绝国、楼兰国皆并属鄯善也。"与《后汉书》所记文字几乎一样。再后，《新唐书·西域传》及《地理志》，也都曾提到精绝，说它的位置在于阗以东，距离约700里，只是因循着既往的文献，在叙说一个历史的故实罢了。

文献中另有一件资料与精绝故国存在关联，即公元7世纪玄奘自印度游学东归，途经尼雅河流域的一段记录。文字为："媲摩川（即克里雅河）东入沙碛，行二百余里，至尼壤城，周三四里，在大泽中。泽地热湿，难以履涉，芦草荒茂，无复途径，唯趣城路，仅得通行，故往来者莫不由此城焉，而瞿萨旦那以为东境之关防也。"这里玄奘所述尼雅河流域的自然地理环境如"泽地热湿，难以履涉，芦草荒茂，无复途径"，至今仍然可以在尼雅河谷的一些地势低洼处感受到。值得注意的是：这里已不见了精绝的消息，有的只是古城"尼壤"，而尼壤并不属于鄯善，它是"瞿萨旦那"东境之关防。"瞿萨旦那"，是玄奘对古代和阗王国的又一译称，说明尼壤城的最高统治权已在和阗王国手中了。精绝，已消失在了不断流淌的历史长河之中。

在古代文献中爬梳精绝王国的消息，大概就止于此了。今天的人们，要比较清楚地把握尼雅河谷这一地理舞台上人们的生存轨迹，必须跳出有限的书斋文字，捕捉遗留在尼雅河大地上或深或浅的考古痕迹，从考古学家们以手铲掘取的点滴信息中，去寻求历史故实。

尼雅废墟鸟瞰

呈现在今人面前的尼雅废墟，与今天的民丰县直线距离有120多公里，是一片没有生命的世界。

从民丰县出发，沿尼雅河北行90公里，即是沙漠边缘最后一处小绿洲——卡巴克·阿斯卡尔。离开卡巴克·阿斯卡尔，经过它北边不远的伊玛目·伽法尔·萨迪克玛扎，就逐渐进入沙漠，30公里后抵达尼雅遗址。因此，可以说从距今1600年至2000年的丝绸之路上繁荣的小城邦——精绝绿洲，到今天的卡巴克·阿斯卡尔，塔克拉玛干沙漠至少已经向南逼进了30多公里。

"卡巴克·阿斯卡尔"，汉语意思是"倒挂的水葫芦"。这是一个很有意思的地名。葫芦是盛水的用具，当地人在沙漠边缘劳动、生活，离家出门，随身总要带着水葫芦。返家后，这些水葫芦会倒挂在门前的树杈上，"倒挂的水葫芦"就成为一道独具特色的风景。而在它的背后，则是沙漠边缘绿洲人生活的艰难与苦辛。

如果有机会在高处俯瞰尼雅废墟，可以清楚地看到，在这片废墟的东、西两边有多道南北向绵延铺展、高不足100米的沙梁，它们基本稳定地屏峙在尼雅遗址左右，成为天然的屏障。在尼雅废墟以北，走出数公里，也是地势比较高的一列列沙梁，这自然也较好地挡住了北来的流沙，让它们难以随风直下遗址区内。至于遗址区的南边，则是一大片枯死的胡杨林，面积总有数十平方公里。进出尼雅废墟，稍不留神，就会迷失在这片枯树林中。

1991年，我去尼雅，雇请当地农民为向导，使用石油部门的沙漠车。进入这片胡杨林后，我们还是迷失了方向，左走右行怎么也驶不出枯树林的包围。最后，只能倒退到这片枯树林外，扎下了帐篷，再徒步翻越遗址西边的沙梁，进入遗址区。这片森然、满溢恐怖的枯死的胡杨林和徒步爬越沙山的经历，至今还深深地烙印在我脑海里，难以拂去。以后，我每次走到这片枯死的胡杨林边，总是由当地老乡、十分熟悉本地环境的维吾尔人白克里带路，把准方向后，寻找林木稀疏处穿行。每遇拐弯处，则在树干上扎一布条，这

○ 广袤的尼雅沙漠

○ 笔者在遗址南部枯死的胡杨林中

才算是踩出了一条进入遗址比较方便的路。

如是看来，汉晋时期的精绝王国，虽然是在大沙漠的包围之中，却是周边有胡杨、沙梁拱卫的安全空间。在这一不算大的地块内，尼雅河水缓缓流淌，河谷两岸林木密布，红柳、杨树、芦苇、草被生长茂盛，狐兔出没其间。万千年河水漫漶，形成大片肥沃的淤土，造就一处相对低平、水足草丰、宜于农垦的地带，狩猎、放牧也都适宜。在距今2000多年前，古代精绝人从北部沙漠深处走来，看见这一所在后，立即选定它为新的家园，是一点也不令人奇怪的。

尼雅废墟，虽有高大沙梁的屏卫，但在人去屋空后，土地失掉了树木、草被、田园的荫蔽，没有了人的照拂，终于发生了难以逆转的变化：年复一年的季风吹刮，将土壤层层剥蚀。踯躅在尼雅遗址区内，随处都可以见到一区区高三四米的土台，周围是深深的沟壑，它们的上面，有汉晋时期人们丢弃的陶片、碎铁块，断折、撕裂了的木质建材……这一景象告诉人们：这高土台地，虽然已不平展，但它们才是当年精绝人活动的舞台。而现在我们脚踏着的尼雅土地，只不过是在蒙受长期厉风侵凌后极度破损了的地面以下的世界。

我们登录在案的150多处尼雅民居，主要是地面还有房屋的所在，因为有这些建筑物的掩蔽，脚下的土层还保持着往昔的面貌，相比没有了建筑材料的附近地面，总要高出几米。除这些居住房址外，其他如城垣、墓葬茔地、储水涝坝、窑址、佛寺、古桥等等，也有显著的地物标志。不少地段，在吹蚀的地表，还可以看到一片

○ 长年风蚀的土台

○ 遍地陶片所在之处是当年精绝人的家园

粉红色的陶器末屑，当年的居址，已成烟尘。

　　遗址区内，留给人们深刻印象的是随处可见的丛丛列列高达五六米的红柳沙包。红柳，是一种耐盐、耐旱、固沙的植物。塔克拉玛干沙漠中的红柳，有10种之多，其中特别适应这片沙漠旱生耐盐的品种，被命名为"塔克拉玛干柽柳"。为了减少水分蒸发，它们的叶片退化成如鳞的小片，紧紧包裹在嫩枝上。这种包覆了鳞片状小叶的红柳枝条，可以进行光合作用，能从阳光中汲取生命的能量。根则深扎于地下，吸收深层地下水维持生命。沙包，随流沙聚积，一年年增高，其上的红柳，地面上的部分也一年年生长，直到深深扎在土壤中的根系再也没有了上输水分的能力，它顽强的生命才算走到尽头。这种曾经伴随过古代精绝人的红柳，当年为精绝居民立下过汗马功劳：它的嫩枝，是骆驼最喜爱的食料。在冬天草料不济时，它的枯枝，也是骆驼可以接受的干粮。柔韧的枝条、细茎，是精绝人建筑屋墙、篱笆及用作柴炊的材料。每棵红柳都可以凭借发达的根系，固定住几方、十几方的流沙，这又大大减轻了流沙带给精绝人的苦难。这些巨大的红柳沙包下，也可能还埋藏着精绝人的废墟。

　　在精绝遗址区域内，虽也见到一点灰杨、胡杨，但比较起遗址区南边的巨大的胡杨林，真是小巫见大巫了。在当年的精绝，只要是尼雅河水流及处，自然也会是胡杨傲立之地，总数是不会少的。只是在精绝王国时，居民对胡杨索取太多、使用过度。历经数百年摧残，今天要在遗址区内找到更多的胡杨，确实是非常困难了。

○ 胡杨、大红柳沙包固定了沙丘，使1600年前一处临时避难的城址（白色淤泥部分）仍暴露在地面

与胡杨并存、枝干挺直的灰杨，也曾是精绝王国境内一种重要的乔木。目前所见灰杨树，大多曾是当年达官显贵们深宅巨院旁的防风林，成了权势的象征。如今，它们多已成列倾仆在巨宅近旁，但气势并不稍逊于当年。

精绝母亲河——尼雅河

流程不长的尼雅河，是精绝子民们的母亲河。

新疆南部的塔里木盆地，南有昆仑山，北有天山，西有帕米尔高原耸峙，盆地中间是面积达33万平方公里的流动性沙漠——塔克拉玛干沙漠。这样一处高山拥围、流沙滚滚的大地几乎是终年无雨的世界。

由于几乎没有地表降雨，人类生命之源的水，只能是来自四周高山绝顶的积雪、冰川。入夏以后，冰雪消融，滴滴雪水下汇成溪，积溪成河，流出溪谷，冲出高山，成为泻入塔里木盆地中的一道道内陆河川。于是河川尾闾、河谷两岸台地，自然化生出了片片绿洲。而一片绿洲，就是一个古代城邦，自然而然就成为旅人们东西往来的陆桥、驿站。

尼雅河，源自昆仑山中的吕什塔格冰川。冰川海拔6000多米，傲然兀立，俯视四周的群峰。它不断阻截着来自2000多公里外、印度洋北上的水汽，将它们转化成晶莹洁白的冰凌，再慢慢化解，用以哺育山下沙漠中干渴的芸芸众生。

海拔约1500米、坐落在昆仑山脚下的民丰绿洲，今天，是整个尼雅水系内最先得到尼雅河水惠泽的地方。尼雅河水穿山越谷突出昆仑山口后，河面宽有数十米，夏日水大时，也有过奔腾湍急的形象。但在民丰绿洲前却被一道不算太高的地质隆起所阻断，河水被迫改道东流，这一转折使民丰县城所在绿洲呈东西方向铺展。只是南高北低的地势，使尼雅河水很快又找到了自己就势北行的路线。从源头算起，尼雅河整个流程只有200多公里，最后完全消失在了塔克拉玛干沙漠之中。

○ 最接近精绝废墟的居民点：卡巴克·阿斯卡尔

　　相比于昆仑山下、塔克拉玛干沙漠南缘东西一线排列的和田河、克里雅河、安迪尔河、且末河等，尼雅河是很小的。根据民丰县水文站统计，全年水流量只有1.8亿方，加上沿河溢出的泉水，总水量也只有2亿方左右，算不得丰沛。沿河绿洲，自然也比不上和田河、克里雅河、且末河流域的绿洲那么盛大辉煌。但是，它正当塔克拉玛干沙漠南缘的中间地段，在丝绸之路南道沙漠中行进，这是一处必须补给、休整的腰站，因此，它的地位远远高于与其绿洲规模相应的身价。

　　尼雅河，与其他进入沙漠中的内陆河川一样，河流水量具有极强的季节性。春末以后，尤其是夏季，河水充沛、水势汹涌；而秋

○ 尼雅河水愈来愈少，渐至断流

○ 蓄水涝坝：一种古老的沙漠绿洲用水工程。在以冰川雪水为主要补给源的沙漠绿洲中，入冬，雪水不化。人们利用晚秋时节努力蓄水，以求缓解冬、春时节用水之难。图为精绝王国时期一处蓄水涝坝遗址。直径10—20米的水池，池周密植胡杨、桑树，可阻大牲畜之擅入，但难以解决池水久蓄、水质难洁之患

冬之时，冰封雪冻，河水断流。这样的季节性特点，使得有限的水源在地处上游的居民灌足、用够后，就没有多少水量补给下游的绿洲。秋冬之时，下游居民、牲畜的饮水，必须依靠秋天储存在涝坝池中的蓄水艰难度日，而此时，河川下游居民的生活就进入严酷萧索的冬天。在遥远的过去，一个绿洲就是一个社会、一个相对独立的政治实体。同一水系的上下游绿洲间，不同水系的政治实体间，会因水而出现无法尽说的矛盾，会利用水进行种种残酷无情的斗争。水，制约、决定着这些沙海绿洲的命运。

步入尼雅之路

从民丰县迈入尼雅废墟，在尼雅河谷要北行120多公里。在离开民丰县城60公里的范围内，尼雅河水还一直静静地流淌，人们也总可以在前进途中观察到它们的存在。这段路程中，沿岸绿洲也比较茂密。我们的车队偶尔会驰入一片密林，偶尔会穿过林间木桥。农家小院隐匿在浓荫深处。宅前宽大场院上厚积着羊群的粪便，散发出淡淡的气味。小鸡在屋边走动、觅食。由于胡杨林一眼望不到边，只能借助路边十五六米高的瞭望铁塔，观察可能发生的火情、火警。

60公里后，沿途地表水渐少，河道也逐渐收缩，一些河段甚至滴水皆无，只露出白色的淤泥。但稍过一段路后，水却又突然从地下冒了出来，继续带给人们以希望，也继续给予河谷两边的植被以生命的保证。尼雅河水，汉代可以流泻120多公里；今天，流程已经短了一半，这是一个警号。

北行途中最引人注意的是卡巴克·阿斯卡尔小村及更北边一点的大玛扎。卡巴克·阿斯卡尔，全村只有92户，460多口人。人们之所以十分看重它，牢记住这个很小的居民点，是因为这里是今天尼雅河水系内最靠近沙漠边缘的一个村落。其实，尼雅河水多年前已经不能流到这里了。20世纪70年代，由于尼雅河上游用水日增，来水持续减少，田地灌溉用水日渐不济，当地人们已隐隐感受到一种无法抗拒的灾难正在慢慢降临。到了80年代，来水更少，就是在每年七八月的洪水时节，也只能见到很少一点混浊的水流。不仅庄稼浇灌、牲畜饮水十分困难，甚至村民的饮用水也不能保证充足。鉴于日益临近的生存危机，作为父母官的民丰县领导，经过艰难抉择，决定放弃这片沙漠边缘的土地，动员村民他迁。

1980年秋天，新疆维吾尔自治区博物馆（以下简称新疆博物馆）考古队又一次进入尼雅考察。进入卡巴克·阿斯卡尔村中时，村民们正遭遇无水的苦难，全村沉浸在一片萧条之中。继续居住，很难；搬迁他处，也很难，不知明天命运会如何。考古队的负责人沙比提走在村子里，听着人们的诉说，考虑着一旦卡巴克·阿斯卡尔被废弃，当年精绝故址的命运可能很快便会降临到这个小村，这对尼雅故址的保护也会带来一些难以想象的新困难。因而，他毅然承担起向县领导进言的重担：不再动员居民他迁，改而在村畔河床上打几口竖井，用井水缓解这里有限的居民的生产、生活之急。

○ 卡巴克·阿斯卡尔民居

　　村子保留下来了，这实际上为尼雅遗址的保护增加了一道屏障。尼雅废墟，可以有群众的保护。防护沙漠南侵，也有一道坚实的绿色篱墙。

　　离开卡巴克·阿斯卡尔村，北行5公里，就是新疆甚至是中亚都有名的伊玛目·伽法尔·萨迪克玛扎，即传称的"大玛扎"所在。"玛扎"，是伊斯兰圣人的墓地，它坐落在一道高高耸起的冈梁上。冈梁下是一片郁郁葱葱的胡杨林。丛林深处有一处土建的清真寺，寺院后面有一洼靠泉水补给的深深的池塘。这一汪清澈的池水，带给远途而来的朝觐者一片无法言说的清净世界。

　　据说，伊玛目·伽法尔·萨迪克是来自西亚的伊斯兰宗教领袖。在尼雅与佛教信徒进行的血与火的搏杀中，他殉难沙场。伊斯兰的

○ 尼雅河畔的大玛扎

○ 大玛扎下的清真寺

最后胜利，为他赢得了荣光。信徒们把他作为圣战中的英雄安葬在了绿树丛中地势高耸的冈梁上。这是一个弘扬伊斯兰教的带有传说性质的故事。但就因为有了这么一个故事，这处玛扎，在塔里木盆地南缘，就成为十分有影响、有号召力的圣地。每年古尔邦节、肉孜节，远近的信徒都会前来参拜，沿途人流不绝。不少信徒认为，能够以此地为最后的归宿处，几乎等于进入天国，是人生最大的安慰。也有不少人带着病痛前来这里祈祷，相信可以借此除病消灾。玛扎山下的丛林中，树枝梢头满挂着各色布条，一些墓地栏杆上挂着羊皮、羊头，显示着广大信徒心底的愿望和追求。

经过大玛扎北行，再也不见尼雅河水的痕迹，人们面对着的只是无边无涯的塔克拉玛干沙漠。30公里后，就可步入尼雅废墟南境枯死的胡杨林，进入精绝王国的世界。

2 风雨尼雅一百年

从1901年斯坦因闯进尼雅开始，到1997年新疆考古研究所与日本学者合作在尼雅的工作告一段落，在尼雅遗址上的考古，断续相继，持续差不多100年。围绕一个遗址，持续工作如是久长，世界少见。这显示了尼雅遗址蕴含不同凡响的历史文化魅力，许多人在很长时间内，曾为它消得人憔悴。97年中，在尼雅考古舞台上，可以见到英国、印度、中国政府大员们关注的目光，英国、美国、日本以及中国考古学者们来去的身影，从中国政府各级官吏到名不见经传、实际却在尼雅考古舞台上产生过影响的升斗小民。各种社会力量在不同利益驱动下，在尼雅遗址上演的一幕又一幕以考古为主线的故事，帮助我们认识了100年来祖国的变化、社会的发展，并深入认识了看起来距离我们遥远、实际却又是那么近的新疆土地上一个世纪以来的沧桑变化。

斯坦因搜掠尼雅

　　涉及新疆考古，不能不说尼雅；提到尼雅考古，不论你愿意与否，都无法避开英国考古学者——斯坦因。

　　1901年元月28日，经过在沙漠中的长途跋涉，斯坦因步入了尼雅废墟之中。

在这以前的10天，刚刚从克里雅到达尼雅巴扎（集市，那时尼雅还没有设县）的斯坦因，很快就遇到一件让他兴奋不已的事。他雇用的驼夫——年轻而又机敏的哈桑阿洪告诉他一个消息：巴扎上一个农民手中有两块写着不知什么文字的小木版。小木版出土在尼雅河尽头以外的沙漠中。这是重要的线索，当然逃不过斯坦因锐利的眼睛。应斯坦因的要求，很快，写字木版被拿到了他的面前。他几乎惊呆了，原来木版上写着他稍有了解的佉卢文，而字体与"公元前1世纪记录贵霜王朝时期流行的一种字体很相近"。古代通行于今巴基斯坦北部、阿富汗一带的佉卢文，竟然出土在塔里木盆地南缘的沙漠中，这后面埋藏着的历史故实，当然是斯坦因十分渴望探寻的。

面对佉卢文木版，斯坦因极力按捺住自己激动的情绪，并很快让手下搞清了木版文书的来龙去脉：巴扎上一个年轻的磨坊主，名叫伊不拉欣，为圆发财梦，到沙漠古城中去找宝。他费了不少精力，并没有找到心目中的金银，却只发现了这些造型整齐的木版。于是顺手拿上了六块，准备回家给孩子当玩具。路上随手丢掉了两块，其余四块给了孩子。伊不拉欣做梦也没有想到他丢弃的两块木版，竟使拾取者得到了斯坦因的重金酬赏，而给孩子作为玩具的木版又毁坏无遗，到手的钱财最后竟打了水漂，这使他懊悔不已。斯坦因明白伊不拉欣的心思，立刻请他当自己的向导，只要找到发现木版文书的古代遗址，一定给他以不菲的薪酬。就是这个伊不拉欣，此后成了斯坦因新疆找宝的心腹和得力助手。在伊不拉欣的带领下，斯坦因带了当地农民"四五十人"，向着尼雅废墟行进。

经过几天的紧张跋涉，斯坦因步入了尼雅废墟之中。第二天一早，立即让伊不拉欣带他去曾经捡拾到佉卢文木版的废室，在"上斜坡时"，他"一气就拾得三块有字的木版"，"到了顶上"一处居室内，佉卢文木版"到处散弃，又找得许多"。这些木版文书，只是上面覆盖着薄薄的沙尘，字迹都还清晰。清理了伊不拉欣发现过佉卢文的小屋，"民工们就发现了一百多块木牍"，"它们大多呈楔形……原先显然是两块紧捆在一起，里面写字，外部有一个凹槽，铃封泥，凹槽上有简单的记录，署发信、收信人的姓名。文书墨迹犹如刚写上一样新鲜，只有少数字迹难以认读"。更让斯坦因激动不已的是凹槽上的封泥，虽有汉文，更多的却是自己熟悉的雅典娜、伊洛斯、赫拉克勒斯、宙斯神像。第一天的收获，数量便与"此前印度（包括今巴基斯坦）国内外保存的全部佉卢文研究资料总数相等"。在斯坦因的著述中说，第一天工作他"收集的"木牍是"几百片"，其中仅在伊不拉欣带到的小屋里，就发现了一百多片。伊不拉欣发现的小屋，也是斯坦因第一天工作的所在，他编号为尼雅1号遗址。

行文至此，我们在这里多少要做一点分析。一天的工作，就得到几百片文书，在一个房间内，就获得一百多件。对于考古工作人员来讲，用一天时间，要妥善处理好这么多出土文书，是十分困难的。发现遗存，清理文书，照相，一件又一件按序登录、包裹，只是按程序进行这一事务性，但又是绝对必需的工作，一个人不花上

○ 封泥上的宙斯和雅典娜图像

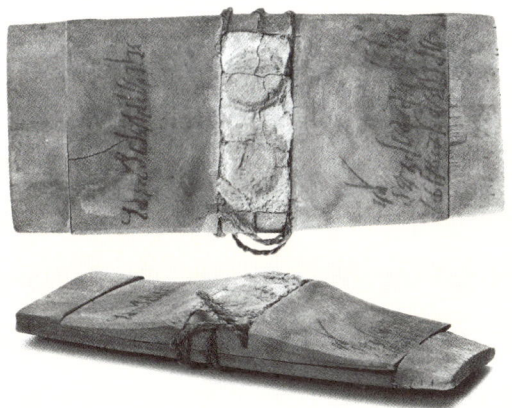

○ 佉卢文木牍

几天时间，是绝难完成的。斯坦因在这里用的词是"收集的"，准确说明它们都是由工人将文书找到后送到斯坦因面前的。这样的工作程序，很难想象能不将文书关系搞乱。而一旦将文书出土的地点、彼此关系搞乱，就会极大影响文书的研究，甚至使文书背后的社会历史文化关系成为永远难以破解的谜团。

斯坦因第一次进入尼雅，整整工作了16天。2月13日，粮食、饮水都已告罄时，他撤出尼雅回到了伊玛目·伽法尔·萨迪克玛扎。他带走的佉卢文木牍有700多件，汉文木简有58件，加上其他各种文物，确实是满载而归。实事求是地说，在尼雅工作的半个多月中，斯坦因除了最关心古代木简文书，还曾"考察并确定了居室、佛寺、官署、大厅及厨房物品、冰窖的布局，也注意园林中树木的类型和排列，还收集了各种室内物品和工艺品，即所有能重现那已消失世界中日常生活情景的东西"，他对所清理的遗址、居室，留下了相当准确但并不完整的实测图。在他搜集到手的文物中，包括：衣服，毛毡的碎片，做工精细的带几何图案的地毯，骨制品残件，木弓，盾牌，纺锤，拐棍，雕刻精细的木椅、木筷，破了的六弦琴，汉式铜钱，漆器，玻璃器和各种饰物等。在冬夜的沙漠帐篷中，斯坦因耐着彻骨的寒冷，认真检视每天的猎获物，清楚地感受到相关文物后面混融着黄河流域、印度河流域以及波斯、希腊化的中亚文明的特征，意识到新疆大地古代文明的研究，将由此而呈现新的光明。他的兴奋难以言表。

经过对多处遗址的发掘、搜寻，斯坦因判定"遗址古代居室中

○ 当年斯坦因发掘尼雅遗址现场

凡有价值以及尚可适用的东西，如不是被最后的居人，便是他们离去不久被人搜检一空"，因此，他转而注意发掘居室旁边的垃圾堆。在这些垃圾堆中，他发现了汉晋时期的汉文木简。在这一过程中，也曾"用冻僵了的手仔细记录每一块有字的木牍……所得每件事物，相当的地位必得仔细记下，一点不容错误；将来要建立年代的次序，以及散漫文书的内部的联系，这种记载是很重要的"。他完全清楚这类原始记录的重要性。做过这项工作，他立即不无得意地自我表彰。他忍受着古代垃圾堆散发的臭气，整整工作了3天。这些取自斯坦因自己描述的文字，说明他在了解这类发掘工作中现场细节记录的重要性之外，还是以采获文物为最主要目的，放任农民到处去挖宝。这决定了他无法保证任何科学方法的贯彻。

斯坦因第一次尼雅之行，在尼雅考古历史上留下了极为深刻的印记。自公元4世纪后精绝人最后离开这块土地，除了风、沙的侵凌外，遗址大地基本还保存着当年的面貌，用斯坦因自己的话说，它就如被火山灰覆盖着的庞贝。较之火山灰厚积的庞贝，面对可以轻轻除去其上积沙的尼雅，考古工作者面对的任务实在非常轻松。能有这样的机遇，考古史上并不多见。若能抓住这一机遇，认真、细致、全面清理，就有望重现当年精绝人撤离时的最后一幕场景。古代精绝王国的历史，将可能由此而呈现新的面目。但在斯坦因率领下的四五十名雇工的随意搜挖下，这一历史上难求的机遇只能化作我们今天永远的遗憾。从这一角度说，斯坦因1901年闯入尼雅，对尼雅考古是一场无法低估的灾难；但又是因为他的这一闯入，尼雅从此进入了国际中亚研究学界的视野，关于西域及精绝古代文明的研究揭开了新的篇章。

1901年，斯坦因在尼雅及其近旁沙漠废墟中获得意想不到的巨大成功，使他得以带着盛满各种珍贵文物、古代写本的十几个箱子凯旋伦敦。英国皇家地理学会邀请他去做亚洲腹地的地理、历史考察报告，这是他过去从没敢奢望的学术光环。接着，1902年9月，他又因新疆考察受邀到汉堡出席了第十三届国际东方学家大会，介绍考察成果。对斯坦因的活动，大会还做出了一纸决议，赞扬斯坦因所做的"极其丰富、重要的工作"。这在欧洲东方学界是不一般的荣誉，大大增加了斯坦因进一步申请活动经费的筹码，他"可以不用尴尬的，自己加上自夸之词了"。斯坦因在踌躇满志之中，一方面

○ 斯坦因当年重点发掘的一处巨宅

整理撰写1901年考察的科学报告《古代和阗》；同时又运用各方面关系向英国、印度政府申请再一次进入包括尼雅在内的中国西部的活动经费。他在给友人的信中，不无得意地说："在我的旅行取得成功的极大影响下，德国政府现已派遣格伦威德尔教授前往吐鲁番"，"俄国政府尽管面临困境（因日俄战争），也正筹备由著名印度学家奥登堡教授率领，对库车进行考古探险。我在和阗的探险（尼雅属于和阗地区）是对新疆进行的最早一次系统的考古工作。"

　　1906年4月4日，在英国、印度政府的支持下，斯坦因开始了他的第二次中国西部之行。夏天过后，他通过英国驻喀什领事馆联系新疆相关地方政府，并派"找宝向导"伊不拉欣先期进入尼雅调查。他自己则在这一年的10月12日，带着伊不拉欣第二次向尼雅遗址出发。这次在尼雅工作的收获，我们还是通过他给挚友艾伦信中的相关段落来介绍:"又一次回到约公元250年时的死杨树和果树林中,在30间新清理出来的房子里详细研究那一时期的乡民生活,这是很令人高兴的。当然,我以前工作中积累的经验使正确地观察和记录遗址变得轻而易举。""我用了50个劳动力(包括现场修补用的木工和皮革工),加速工作,一切顺利。""我收获最多的东西是在1901年返回前夕我不得不放弃的那间房子,我在那里发现了Hon. Cojhbo Sojaka遗留下来的大量官方'文件',发现它们被认真保存在地板下面属于那重要官员的文件室里。近三打保存完好的双面长方形木简,仍带有封记并紧紧捆扎着——那里有很多标准的封记,其中有些是我所熟悉的。"斯坦因第二次所发掘的遗址中,包括了应该是精绝王室的尼雅第14号遗址,只是斯坦因当时并未意识到这一点。他在这

○ 精绝人家的炉灶

里"发现了一打以上书法精美的汉字木简"。在认真清理过几处居室后，他在《西域考古图记》中说："许多单室中都备有火炉，舒服的炕，木碗柜等物。这些房屋附近，几乎一律有围篱笆的花园和两旁植白杨树以及果树的荫道。"这次在尼雅工作10多天，1906年10月31日，斯坦因满载尼雅出土的文物，带着胜利的喜悦，走向东边的安得悦、且末、楼兰。

斯坦因当时在尼雅遗址中的挖掘，务求干净、彻底，不留一点文物。他的理由是"我不能不全部清理遗址"。因为当地农民、商人，谁都知道他以重金求购古代写本，因此他从任何遗址离开，那里立即就会挤满再去寻找古文书的人。在这样的指导方针下，尼雅不仅在斯坦因工作时饱受了劫难；在他离开后，又会受到他掀起的找宝热潮的破坏。这类在沙漠深处本可以平安度过千年万载的古代遗存，蒙受一波又一波的灾难，不可低估。

斯坦因第三次进入中国新疆，时间是在1913年至1916年，共历时两年零八个月。这一时段，清王朝政权已被推翻，中华民国政府刚刚成立。具体到新疆地区，斯坦因的感受是"古老的制度仍在运行"，"混乱和动荡扰成一团"。这种混乱的形势，实际也正是斯坦因及英国政府派驻在新疆喀什的领事们认为最好的、需要最后把握住的时机。斯坦因在1912年11月23日给英国政府提出的报告中直白地说："中国政府至今尚未对外国人在这个地区考察古代遗存设置障碍。但这种有利的形势能延续多久却无法预测。"英国、印度政府这次一点没有留难就批准了斯坦因要求的44500卢比经费。他们十分清楚斯坦因的工作直接在为英国、印度政府的利益服务。为了英国、印度的政治利益，他们鼓励斯坦因的研究。斯坦因在中国西部地区考察获取的大量文物，尤其是第二次考察中在甘肃敦煌以很少的费用（只130英镑）从王道士手中骗取的大量珍贵手稿、写本、绘画、织绣，不仅是一笔无法估计的文化财富，就从经济价值角度分析，那也是一笔可以天文数字计价的物质财富。斯坦因为了英国、印度的殖民利益，不避安危。在进入喀拉昆仑山勘察、测绘由阿克赛钦进入拉达克的达坂隘道这一重要军事交通路线时，他冻伤了脚，不得不切掉了右脚三个脚趾。如是舍生忘死效忠于英帝国利益的行为，使斯坦因戴上了辉煌耀眼的英雄桂冠，英国皇家地理学会授予他"发现者金质勋章"，获得"印度考古爵士"的头衔、"印度帝国骑士"称号，得以觐见英王。斯坦因的传记作家珍妮特·米斯基评价这一事件说："这是一个明确的标志，说明现存权力机构已经接受他为其中一员。"与此同时，在学术上他也得到了重大收获。牛津、剑桥大学授予他荣誉学位，比利时科学院选举他为名誉院士。政治、学术方面的双重成功，使斯坦因的任何要求再不会被忽视或耽误，所有的大门突然都向他开放。"如果过去是他的工作偶然与政府的兴趣相符，那么现在政府已转向推动他的工作了。"斯坦因再一次进入中国西部地区的所有阻碍都不复存在，他要利用这一有利形势，为英国、印度帝国政府效力，建立新的功勋。

在斯坦因第三次新疆之行中，尼雅废墟已不是工作的重点。但当他听说流沙变动，又有新的房址出现时，他还是再一次走进了尼

○ 尼雅早期遗址中出土的陶器

○ 精绝汉墓中发掘出土的漆奁

雅遗址之中。他真情袒露，说"很难从尼雅遗址旁边经过而不光顾"。他把尼雅说成是他"自己的'小庞贝'"。他说："寻访尼雅河的终点不但有趣，而且收获颇丰。经过4天艰苦劳作，我完成了一批废墟的清理，查明了那些奇异的佉卢文木简的最终命运。1901年时由于缺少劳力，曾不得不放弃那个被我命名为'衙门'的大废墟，这次终于能拾遗补阙，清理出几间深埋于沙下的房间。直到夜晚，我们才在火把照耀下结束工作。""最值得注意的发现，也许是那个大果园和葡萄园。它们在排列、布置方面的种种细节，全部异常清楚地显现出来。不知什么时候才能再来捡拾这些公元250年左右曾经生长过葡萄的弯曲枝条？"尼雅废墟给了斯坦因太多的馈赠。尼雅保存完好、丰富的古代埋藏，为斯坦因增加过无法计量的光彩，他在尼雅沙漠废墟中倾注如此深厚、温馨的感情，是一点也不奇怪的。

斯坦因当年到中国新疆、甘肃敦煌等地考察，是取得了当时中国政府同意、批准的。只是英国驻华公使向清朝政府申办斯坦因的护照时，并没有完全诚实地说明斯坦因的工作目的。为办理斯坦因护照，公使在给英国的信函中说："在给（中国）衙门的申请中，不宜列入斯坦因博士1898年9月10日致旁遮普政府信第12节所提特殊便利。斯坦因博士会发现，执行他所说的考察并没有什么困难，至于挖掘和购买文物，我认为提出此类事情只会破坏他的计划。"斯坦因坦率地提出希望享受挖掘文物的"特殊便利"，当年的英国外交官则同意他可以如此进行，但不能公开提，不必公开说，只要悄悄干。因此，清朝政府发给斯坦因的护照文字是："总理衙门发此照予英国学者斯坦因。兹据H.B.M公使克劳德·麦克唐纳爵士奏报，称斯坦因博士拟携仆从若干自印度前往新疆之和阗一带，请发护照云云。因备此照，由总理各国事务大臣盖印发出。仰沿途各地官吏随时验核斯坦因博士之护照，并据约予以保护，不得稍有留难。本护照事毕交回，遗失无效。"清朝政府在这里没有对斯坦因在新疆和阗一带从事的活动做出任何限制，对于斯坦因的文化知识背景、新疆文物考古资料深厚的历史文化价值，他们还一无所知，只要求各地保护斯坦因的行动自由，十分悲凉地表现了清朝政府的腐朽、无能，表现了半殖民地半封建国家的外交实际。

新疆各级政府秉承这一旨意，于斯坦因在新疆活动期间，给予了各种便利、协助和支持。当年驻喀什的英国领事麦坚尼曾说："其旅行之成功，亦半由中国官吏之助，盖测量及发掘二事，在在需地方官吏照料。更举一事，足征中国官场厚意，新疆全土固无银行，道途之费，悉用生银，取携既艰，危险尤甚……幸喀什噶尔道与阿克苏道许札各州县，随处贷银，而余于喀什噶尔偿之……新疆各处交通极艰，道府各库向罕通融汇兑之举，为难可见，厚意尤可感也。"在邮政十分落后的新疆，不论斯坦因在尼雅沙漠，还是在罗布淖尔没有人烟的荒原，他都可以毫不迟缓地收到和阗邮局信差吐尔迪专程送达的邮件。1906年12月27日，圣诞节之后的夜晚，在罗布淖尔楼兰古城，"和阗的邮差吐尔迪从四周侵蚀沟壑的迷宫中带着一个大邮包出现了。他于12月15日在安得悦河离我去和阗，我真无法理解他怎样在如此短的时间里，往返1300多英里"。在敦煌莫高窟骗取愚昧无知的王道士，颇费了斯坦因的时间和精神，几个月中，他得不到英国、印度方面的邮件。"吐尔迪在39天里从和阗走了1400多英里，在傍晚时候来到是令人惊喜的。一共有约170封信要阅读。"吐尔迪忠于职守的精神后面，是地方政府的命令，是官员们对斯坦因无微不至的照应和关怀。

斯坦因之所以取得新疆各级官吏如此厚顾，最主要的，当然是斯坦因所持总理事务大臣的护照，但也与他个人的行事方法有关。在珍妮特·米斯基写的《斯坦因：考古与探险》中，对此有很具体的介绍。根据斯坦因的日记、信札，归纳一下，其方法有二：一是按中国礼俗，对各级官员都殷勤致拜，赠之以礼。每到一地，甚至还在安顿下来之前，就给当地官员送去礼物和口信，一收拾停当，立即拜访。而且为取得同情，反复为此不疲。二是表面的直率谦和，称自己是唐玄奘的虔诚弟子，玄奘是他的"护法圣人"，他是从印度来，循玄奘的取经足迹走，是为研究玄奘而献身的学问家。既有总理事务大臣的护照，又是如此谦恭的君子，在各级官员处取得同情、支持和协助，自然不难。

但实际活动中，好像也有地方官吏提出一些合理的问题，如和阗按办面对斯坦因在尼雅等处掘取的文物，曾一再问道"为什么这些古代资料要搬运到遥远的西方"。斯坦因就一改其平日的口若悬河，默默无语。

在斯坦因第一次进入尼雅，并在西方学术讲坛上大声宣传古代精绝废墟特殊的魅力后，步斯坦因后尘进入尼雅河尾间这一古代文化殿堂的，是美国地理学家亨廷顿。1905年，亨廷顿在美国地理学会的资助下进入新疆，沿昆仑山北麓自西而东，进入罗布淖尔。途经民丰时，他向北折行进入了尼雅，在这里也寻获到了一些佉卢文木简。

在此前后，循迹而向尼雅的还有日本僧人橘瑞超。自1902年至1914年，日本的中亚探险活动先后有过三次，据橘瑞超的《中亚探险》写道，他至少曾经两次到了尼雅河断流处的大玛扎。橘瑞超对大玛扎有一个接近实际的分析：这些"有麻扎①存在的地方，一定也是昔日宗教战争激烈的地方……在麻扎附近，有被他们破坏的佛教寺院或古城址并存，是明摆着的事实。斯坦因博士和我根据当地居民的传说，在麻扎附近进行发掘，就是这个道理"。但令人难解的是，他在书中却一字不提曾经进行发掘的具体地点、发掘情况，而只是一般介绍了玛扎环境及留存至今的玛扎崇拜现象。去今差不多一个世纪前，他所见玛扎"附近数英里范围内是树木苍翠的深林带……麻扎山脚下有一个水平如镜的圣池，清澈碧透……涟漪动处漂浮着水禽，透过树间空隙可见远处的流沙"。从情理分析，到大玛扎，往往都是为了进入尼雅废墟，但橘瑞超是否进入尼雅废墟，或只是凭吊了古代曾是一处佛教圣地的大玛扎所在，难得索解。

---

① 麻扎，即玛扎。——编注

斯坦因折戟精绝

　　静心回顾一下20世纪30年代以前新疆古代文明的研究，可以捕捉到一个十分明显的现象：它的每一个里程碑式的突破，都与重要的考古发现、研究相关；而重大的考古实践，又总和当年的政治形势存在关联。前者为后者服务，后者驱动着前者，为它提供动力及厚重的物质基础，彼此关系密切而难以分离。

　　斯坦因在20世纪20年代以前，是尼雅遗址发掘、研究的中心人物。他先后三次断续相继地进入中国西部地区考察，历时15年。三次考察中，他都到了尼雅：第一次进入，面对的是历史上从未有考古学者问津过的处女地；第二次，他指派忠实随从伊不拉欣先期进行调查、侦察，寻找新的遗存，实际工作时间虽仅半个月，但收获同样丰硕；第三次，在第一、二次工作的基础上，又捕捉到一些新见的房址，还是有新的收获。三次进入尼雅，每一次工作地点都有新的扩展，丰富着既往的成果。不仅是当年的西方学术界，就是斯坦因自己都把尼雅看成自己的学术领地。这三次考察得到英国、印度政府和中国新疆地方政府官员的鼎力支持，而一批深谙当地遗存和交通的猎户、驼工、挖宝人，更是他积极、忠实不贰的随从、助手。步入30年代，斯坦因虽多少了解中国知识界对西方列强在中国西部的所作所为极度反感，对兰登·华尔纳在敦煌莫高窟失败的遭遇也一清二楚，但其内心深处，并没有把中国人民的觉醒放在眼里，总认为在新疆沙漠内外，没有他想到而到不了的地方，没有他想做而做不到的事情。他意识深处，认为在新疆"只要稍行小惠，便可为所欲为"。因此，他十分乐意地接受了美国哈佛大学福格博物馆的提议，第四次进入新疆，为该博物馆补充缺乏的新疆文物。

在此以前，哈佛大学福格博物馆希望入藏中国西部及新疆文物已做了多年努力。1923年，华尔纳衔命进入黑城、敦煌，带回去古代艺术品数十件；1925年，华尔纳再次受命来华，想用特制胶布剥取敦煌莫高窟285号洞窟中的精美壁画，激起众怒，华尔纳狼狈不堪，只能空手而返。此次邀请斯坦因做第四次中亚考古，正是福格博物馆努力补充收藏，积极物色人选的结果。而此时63岁的斯坦因在编撰中国西部地区的考察报告《亚洲腹地》时，正感到不少问题难以深入，萌发了有生之年再到新疆、甘肃考察一次的愿望，并在为此寻求资金。于是，双方一拍即合。1929年12月，斯坦因欣然接受了洛维尔（A. L. Lowell）的邀请，到哈佛大学洛维尔研究所做学术讲演，同时讨论第四次中亚考察的计划细节。

斯坦因在哈佛大学的讲座获得成功，演讲稿最后整理发表，这就是由向达先生译成中文的《斯坦因西域考古记》。关于考察计划，美方提议的要点是哈佛大学福格博物馆及哈佛大学燕京学社出资10万美元资助斯坦因为期3年的中亚考察；考察所获文物属这两家机构所有；考察成果报告书属于这两家机构的出版物；考察计划，如时间、区域、路线，均由斯坦因掌握。如果因为中国的政治气候无法获得中国西部地区的文物，斯坦因可以改变计划进入亚洲其他地区；洛维尔可以帮助斯坦因获得美国国务院的特别介绍信，可以为其争取美国外交支持等。斯坦因基本同意美方意见，只是坚持要争取大英博物馆作为一方参与这次考察活动。这一方面是因为英国在中国尤其在新疆有强大的外交影响力，而且得到美英两方的支持，"会有助于同中国中央政府达成令人满意的协议"；再就是他一生效忠于英国，希望最后的中亚之行，仍然有一点英国的色彩。在斯坦因的一再要求下，美国不得已做出了妥协，同意大英博物馆也出资1.5万美元，将来所获文物，可根据资助份额由哈佛大学与大英博物馆按比例分配。因此，斯坦因第四次，也是最后一次的新疆之行，纯然是一次以搜集新疆文物为目的的美英联合考察活动。

综观斯坦因们在我国西北地区纵横穿梭、如入无人之境的考察，主要发生在清朝末年至中华民国初叶，这一时段是他们掠取中国文物的"黄金时期"。这时的中国国势衰微，主权沦丧，政治、经济、军事上倚重西方列强；在文化领域，新的科学观念、科学方法，如通过实地考察调查相关地区内气象、地质、山川、生物、交通路线、民族民俗、历史文化遗存等基本情况，以便于进一步开发建设的观点，在中国学术界还没有得到充分注意。在这样的背景下，西方各国一批又一批科学考察队在新疆、甘肃、青海、西藏等广大境域内自由往返，调查获取所有希望获取的资料、信息，为他们的殖民扩张政策效劳。

1919年中国在巴黎和会上的失败，引发五四运动。西方列强给中国人民带来的一次又一次屈辱、苦难，逐渐使一批批留学归来、有了新思想的知识分子觉醒，他们首先起来为维护国家、民族的主权而努力抗争。反对外国学者在祖国西部测量地图、掠取宝贵的历史文化财富，成为当年知识分子在文化领域维护国家主权、反对帝国主义侵略的一个重点。

正是在这一背景下，1926年，当时在北京的一些归国留学生，如刘半农、徐旭生、李石曾、褚民谊等，联系北京大学、清华大学、故宫博物院、北京图书馆、中国地质调查所等机构，组成了"中国学术团体协会"，协会的宗旨是"对于我国之古迹古物，以及其他学术材料，自行采集发掘，加以研究，妥为保存，以免输出国外"。这项宗旨具体针对当年4月来华的以瑞典学者斯文·赫定为首的考察团的第五次中亚考察计划。斯文·赫定，也是20世纪初在中国西部纵横驰骋、活动面广阔、社会影响很大的一个人物。楼兰古城浮出沙海，进入人们的视野，就是他1901年在罗布淖尔荒原地理考察途中所获的成果。但这次来到中国，他面对的是一批已经觉醒的全新对手。经过与刘半农等人的十多次唇枪舌剑，最后达成共识，中瑞双方共组"西北科学考察团"，经费由斯文·赫定筹集，所获标本归中国所有，学术成果共享。这是一个具有划时代意义的协定，它标志着中国西部地区任由外国学者来去的时代已经结束，一个新的历史时期开始了。

1929年的"中法学术考察团"同样是仿照这一协定的精神。更后一点，美国自然博物馆组织的安德鲁斯中亚考察队，因为不能接受这一基本原则，考察活动不得进行。安德鲁斯因此对斯文·赫定首开的这一协定十分不满，说"他接受了这些十分荒谬的条件，将给其他考察队的工作带来极大的困难"。斯文·赫定据理反驳、振振有词："那不是我的过错，而是标志新时代开始的、从南方起席卷整个中国的民族主义潮流的结果……我对接受中国人民所提条件从来未感到后悔过。"斯文·赫定在这一点上是对的，这不是他个人的善心，而是面对已经变化了的时代，他要继续在中国西部地区考察，只能走这样一条路。

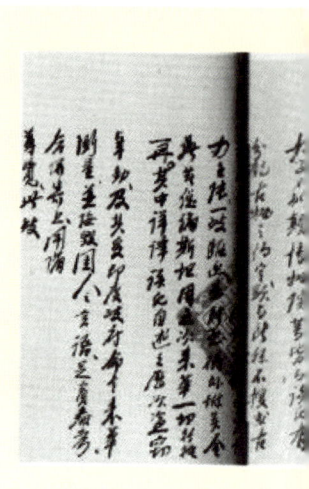

新成立的中国学术团体协会，虽只是一个民间组织，但其成员的社会影响力却是很大的，抵制斯文·赫定等外国考察队单独在华活动的成功，更增加了它的社会影响力。在这一基础上，经国民党元老、时任教育部长的蔡元培的推动，1928年3月，官方还在南京成立了"古物保管委员会"，宗旨也是阻止外国人在华单独考古，阻止文物外流。蔡元培、张继、戴季陶、吴稚晖、翁文灏、易培基、陈寅恪、袁复礼、李四光、李济、陈垣等名人，都是委员，国民党元老张继为主任，保护文物、阻止

○ 古物保管委员会致新疆函

文物外流的活动更加有力。这些情况，斯坦因都是有所了解的，在他与哈佛大学联系准备进入新疆时，他就曾先后请英国驻华使馆汉文书记官台克曼，不断向他提供有关中国学术团体协会、古物保管委员会的活动及如何应对外国人联合考察的情报。斯坦因认为，如果接受中国学术团体协会、古物保管委员会的条件，"拉出有中国专家跟在我周围的一支考察队，去干旱的沙漠和荒凉的群山，还得与一位必定对当地气候条件一无所知的中国联合领导人一起制订我的计划，这只能意味着对时间、精力和钱财的浪费"。斯坦因这里的骄狂，还只是表面的理由。最根本的是，接受古物保管委员会的条件，与他既定的获取新疆文物的考察宗旨完全背离，他的目的根本无法实现。在频频向自中国回到欧洲的各方面人员打探新疆地区的形势后，他最后得出的结论是：实行他计划中的考察活动必须取得南京国民政府的同意，但不能与中国学术团体协会、古物保管委员会接触；到新疆后，重点是努力展开个人活动，争取另辟蹊径。

本着这一腹案，斯坦因在1930年三四月间到南京进行了活动。他在英国驻华公使兰普森、南京国民政府首席政治顾问英国人怀特的引荐、陪同下，与国民政府立法院长胡汉民、外交部长王正廷等政府要员进行了接触，要求国民政府能同意他到新疆、内蒙古考察3年。美国驻华公使也约见王正廷，希望中国政府能支持斯坦因的3年考察计划。经过这一系列活动，斯坦因在5月初就得到了国民政府外交部，实际是王正廷允许他到新疆、内蒙古进行考察活动的护照。英国公使认为"斯坦因开端大吉，这部分是由于目前英国与中国政

○ 尼雅废墟N1东侧残存的城垣（局部）

府间的良好关系，部分是由于斯坦因本人留下了好印象"。

斯坦因对他在南京活动获得如此圆满的结果深为高兴，对中国主人表示他"对新中国前途充满希望"，并立即改变行程，提前于5月13日离开中国去印度，赶往克什米尔，准备他的新疆之行。他不接受与中国学者合作考察、所获文物留在中国的原则，因此在南京的活动极度诡秘，不与学术界、新闻界做任何接触，只与高层官员来往。对知道他在南京、请他演讲一次的中央大学，也借故拒绝。但是，没有不透风的墙，他悄悄访问南京为其第四次中亚考察进行秘密交涉的消息，还是传了开来，一场遍及南京、上海、北京等地的抗议活动，立即蓬勃展开。同年5月底，此前完全被蒙在鼓里，对其活动一无所知的古物保管委员会正式通电"反对斯坦因旅行新疆、甘肃"。在各界抗议的压力下，国民政府立法院公布了《古物保存法》，规定没有古物保管委员会与教育部、内政部同意核发的发掘护照而发掘古物，"以盗窃论"。这个法案针对的第一号目标，就是斯坦因。

面对抗议和新的法案出台，王正廷被迫致函英国公使兰普森：斯坦因所获护照只是游历，如进行考古，必须另行与中央研究院交涉。兰普森得到这一外交部的知照后，给斯坦因的建议是：先以这一护照游历3年，3年后形势必然变化，届时古物出境"不会有多大问题"。斯坦因与兰普森不谋而合，继续拒绝与中国学术团体联络，而只是向印度政府"保证在不事先征得中国政府同意的情况下，绝不运走任何文物"，请印度政府转告中国。当然，这只是又一个烟幕。

英国驻华外交官以及斯坦因完全低估了中国学术界、新闻界、广大民众的能量。斯坦因本其初衷，不管中国人民怎样反对，在1930年8月11日离开了斯利那加，通过吉尔吉特取道塔什库尔干，持其已经到手的护照向新疆进发。希望过去的新疆关系网可以给他帮助，幻想着在沙漠中拖上两三年，形势会发生有利于他们的变化。

斯坦因于1930年10月8日进入喀什。这一中国人民维护主权的舞台，由南京转到了新疆。

为了比较具体地了解在新疆大地上就此较量的实际过程，我曾经在新疆档案馆检索当年的资料（2002年，与此相关的部分档案资料已经发表）。当年中华民国政府中央行政院、外交部、古物保管委员会、新疆省主席金树仁、斯坦因与英国驻喀什领事谢里夫（G. Sheriff）及斯坦因所到之处各级地方官员们，围绕这一事件进行的活动，历历如在眼前，令人感慨万千。

实际上，在斯坦因进入喀什前，他已了解到中国外交部在舆论压力下曾一度要吊销他的护照，但他还是照计划向新疆进发。为这件事，整个9月，国民政府外交部、古物保管委员会都曾先后致电金树仁，要求阻止斯坦因进入新疆。斯坦因受阻后，通过英国驻华公使向中国政府交涉，公开声明"该英人此行并无搜求古物目的"，导致外交部复令新疆准其入境，"惟须密饬经道各县，于妥为保护之中，严密监视其行动，不准到处勾留、搜掘文物，偷测地形"。这个回合的较量，以斯坦因声明不搜求古物而得到入境的许可。到了喀什，他立即据计划中的腹案，一面通过英国领事谢里夫向金树仁交涉，同时与喀什行政长官马绍武联络，要求允许他在冬天进入沙漠旅行，由喀什经莎车往和阗，再经于阗到精绝，穿越塔克拉玛干沙漠进入塔里木河流域，到焉耆、入营盘、进楼兰，翻越库鲁克塔格山到哈密、吐鲁番。口实是考察古代交通路线，与军事没有关联，请金树仁批准。

金树仁完全知道国民政府对斯坦因这次考察计划所持的态度，收到过有关电令，但又不希望因此事交恶于英国领事及其背后的英国、印度政府，想两面应付。于是要求斯坦因在实际考察前，先到迪化（今乌鲁木齐）当面报告他的工作计划，希望以此拖延时间。不意却被斯坦因断然拒绝，认为误了1930年冬天的考察，会使他的整个计划受阻。

英国领事此时不仅自己出面替斯坦因向金树仁说项，还利用此前金树仁向印度政府购买4000支步枪、400万发子弹一事进行要挟。通过疏勒县县长、与斯坦因个人关系极为密切的潘祖焕，向金树仁转达：如金树仁坚持要斯坦因先到迪化报告工作计划细节，"则将来印府以彼此不能互助，恐已定军械半途废约，应先声明"。潘祖焕还用个人名义，向金树仁建议"拟恳准司代诺（斯坦因）所请，派妥人假小道速至和阗，与该博士随行监视一切，如无大害，似可通融"。

金树仁知道潘祖焕与斯坦因个人关系颇密，于是电复潘祖焕，实际上让他告诉英国领事谢里夫，外交部"仅发给司代诺普通游历护照，并未准其考察，且经驻京英公使声明，该博士并无搜求古物目的，核与英领所称显有不符。唯司既已到喀，前已允许由于阗小路经焉耆来省，已属通融办理。乃英领竟以购械事借口挟制，尤为不合情理"。这一过程中，金树仁还得到他派在喀什的眼线、亲信，时任疏勒县县长金抡的密报。金抡在斯坦因到喀什的第二天，即1930年10月9日，就曾电报金树仁"司代诺先年游新，蜚声世界。现年六十余，作最后考查，志在完成毕生工作，贡献东西学界。详加查询，确无他项性质，等经马行政长官电呈，应请核准，将来载入游记，各国学者同颂威德。一切仍由马行政长官监察，于国权决无损失"。完全是站在斯坦因立场上的一套话。如果联系这年10月8日斯坦因给挚友艾伦的信中所说，他到喀什受到"亲爱的老潘大人的儿子"的迎接，"经过不懈的努力，扫清了我路上的障碍，并充当了热心的顾问和译员的角色"。这个老潘大人是前几次考察中，支持过斯坦因的阿克苏道台。他的儿子就是潘祖焕。金抡的说项、活动，看来就是潘此前已经做了不懈努力并取得成功的一个例子。

斯坦因如何收买金抡的细节我们已无从得知，而金抡的密信，对金树仁确实产生了影响。就是这个金抡，在金树仁对斯坦因还在犹豫不决时，于10月23日再去密电，完全站在英国领事的角度，希望金树仁速做决断。收到金抡的电文后，金树仁即批示复电马绍武对斯坦因"从宽，准由于阗小路赴焉耆进省"。确如斯坦因原先估计，他在"略施小惠"以后，进入新疆赢得了第一个回合。他于11月11日，顺利离开喀什，向和阗沙漠进发。

斯坦因进入和阗沙漠实施考察活动的得手，难以尽掩天下人耳目。中国学术团体协会在此前曾直接致电金树仁，明白说"诈取敦煌石屋多数古物之英人斯坦因领照游历西北，该照填明不许采集物品，但此人贪狡异常，斯行必有目的，请饬属防范，严加监视，稍有采集，尽可扣留物品，驱逐出境"。同时也将他在野外实施考察活动的情况公之于报端。

古物保管委员会的再次抗争，终于促使国民政府行政院在1930年12月19日再给新疆省电令，重申"英人司代诺携带巨款率领人员多名，仅凭普通游历护照在新疆自由行动，对外交部所发通知不理"，"电令新疆省政府勒令停止工作即日出境"。同年12月20日，新疆驻京办事处代表张凤九、王汝冀也转达了国民政府对新疆的指示："斯氏赴新名为考古，实则暗中盗窃吾新古物转运英国，兹事关系我国主权及文化前途，请饬属勒令该氏停止工作，并限即日出境。"金树仁在这件电文上无可奈何地批下了"该氏愤而成疾已多日矣！现在有病，俟病略愈，即行饬令回国"。面对中央政府多次明令禁止斯坦因在新疆的考察，到此，金树仁已无法再用两面手法遮掩，加上此时由印度运来的枪弹已安全到达新疆，他没有了后顾之忧，终于在1931年1月8日上报南京国民政府行政院的电文中，申明遵从"钧院迭令其停止游历"，"依限出境"等。而在他同时给于阗县县长及随同监视的张鸿昇的电文中，只是说"唯司氏游历护照已由外交部取消，并奉行政院电令，令其出境"，"现在司氏游历将毕，可以遄返本国。应即婉词劝回，不必较伤感情"等等，不敢对斯坦因采

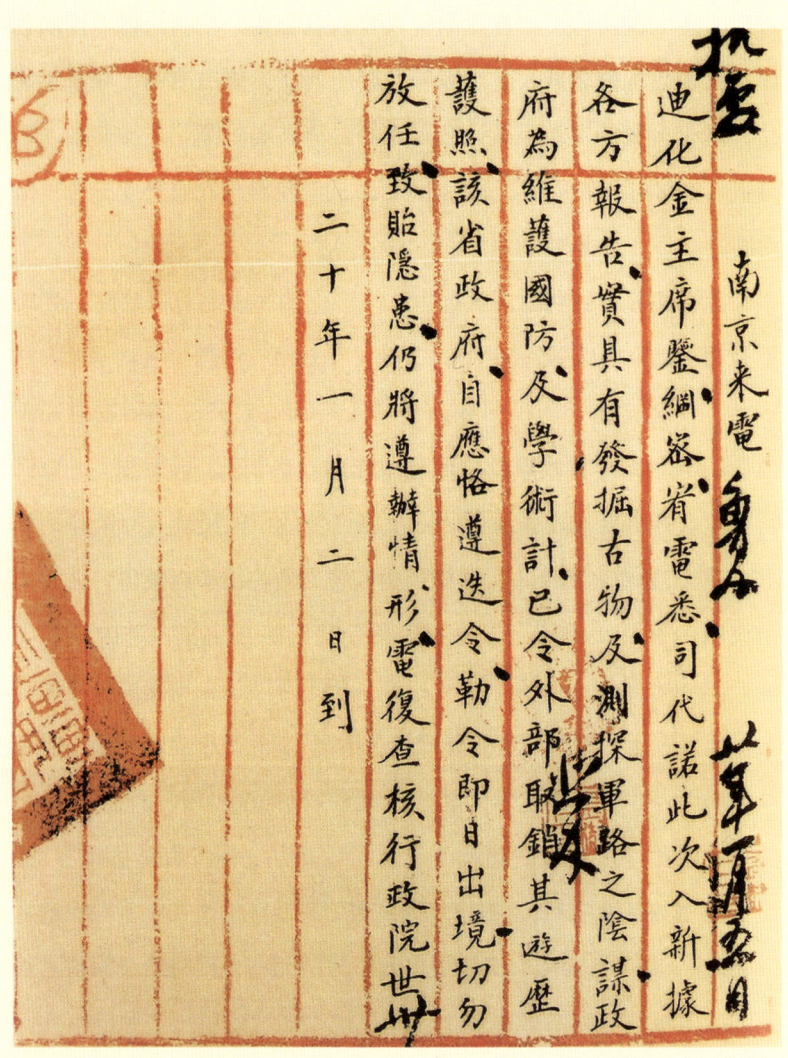

挂号

南京来電

迪化金主席鑒綱密省電悉司代諾此次入新據
各方報告實具有發掘古物及測探軍路之陰謀政
府為維護國防及學術計已令外部註銷其遊歷
護照該省政府自應恪遵迭令勒令即日出境切勿
放任致貽隱患仍將遵辦情形電復查核 行政院世廿

二十年一月 二 日到

○ 南京国民政府行政院致电新疆，勒令斯坦因离境

取严厉措施，媚外惧外的心态，毕露于字里行间。

斯坦因面对这一新的变化，直接的反应是请求英国领事谢里夫出面干预，但并未获得预期效果，随行监视的地方官员，也使他无法展开大规模的考古盗掘。自斯坦因进入和阗，金树仁即命张鸿昇随同一路监视他的活动。张鸿昇表面上将斯坦因每日活动事无巨细都进行汇报，似乎什么纰漏也没有出现过，实际遇事粉饰，对一些事情隐匿不报。这可从张鸿昇1931年1月有关斯坦因在于阗、策勒达摩沟活动情况的报告文字中看出：

> 迪化主帅钧鉴，窃查英游历员司代诺到和阗日期及沿途情形，业经呈报在案。兹司氏于七日由和阗动身，九日到策勒。于十日由小道到达木沟之马拉喀拉干庄。因天气陡寒，司氏及跟丁等，相继病，休养二日。于十三日往该庄东哈得利戈壁游行。荒丘起伏，榛荆纵横，约行三十里，有古屋数院，破垣故址可寻。司氏言系唐代佛堂及住院。二十年前曾于是地掘得佛像云。照相后仍东行十里，只微有碎缸片，别无他物，司氏自称前曾于斯地得佛像佛经云。照相之后，仍由原道返。十四日又往该庄北进行，仍系樵牧出入之戈壁，除土丘榛荆外，别无他物。约行三十里，道旁忽发现土塔一座。计高丈余。大致尚未破坏。下级为方座。高二尺，宽四尺。全为浮沙所掩。第二层为立方形，高四尺，四面辟四圆门，即古代供佛处也。三门皆空无长物，惟西门微为沙填。第三层为圆立锥形，高四尺。

泥土完好，惟塔前短墙泥柱，全经斫坏，司氏几次来所仅见者，请求照相，随令跟丁拂去塔下浮沙。经委员阻止。该司氏声明，只将下层浮沙去过。测此塔高低，以窥真像，决不损坏或移取古迹云，查与采掘不同，似可照办。惟旋在西圆门内，发现泥佛二尊，高六七寸，制作粗。土质松散，已为浮沙压成三四片矣。然司氏坚欲取去。经委员与于阗陈县长派来之张国权一员，再三以理喻，将二佛争回。由委收存。拟即携代晋省呈阅，只准其照相二片而已。自斯前进，盘旋土丘间，约三小时，又有古屋二院。徘徊良久，饭后仍溯原迹归，时已下午五时。十五日由马拉哈拉干庄起程。沿途道旁，有古屋二处。司氏均往观瞻，载在笔记中，但亦未有旁种行动。行十里住罕浪沟，是日司氏受凉病。十六日住终日，坚卧未起。十七日住于阗四十里八栅附近，十八日到于阗，惟司氏因途中病总未愈，坚卧休养，迄未出门，计已十余日矣。自称系喉管炎，宜静养，畏风寒，自备有药，别无危险，现已大愈矣。惟司氏助手一名，病者二十余日，以马轿来于，尚未愈，又有英跟丁生天花，行期尚难定，容后禀。所有办理各情形，是否有当，合代电呈，请鉴核。委员张鸿昇。二十八日叩。

斯坦因停在于阗，既是养病，更是在考虑下一步的行动。新疆政府命令其出境，谢里夫干预无效，他内心之焦躁、心情之恶劣，可以想见；但已在沙漠之中，立即返回心有不甘，经过十多天的思虑，他决定了继续进入尼雅、伺机动土的计划。这情形，还是引用张鸿昇的报告来说明：

迪化主帅钧鉴，窃查英游历员司代诺到于阗日期及沿途监视情形，业经呈报在案。兹司氏于本月九日出于阗，由大路到尼雅。于十五日到大麻扎，入大沙漠南端，游行，沙梁连绵，水草全无，全须步行，计三日，共百三十里，系汉精绝故国，唐时已沦入沙中。司氏在沙滩较平处，计住五日，逐日步行出游，返往动须四五十里，计有古屋二十三处。垣楹宛然，间有梁柱俱在者。于二十二日，仍步行回大麻扎休息一日。自此仍东行，于二月二日到安得月。是日大雪，住河岸二日，于四日住安得月河东三十里沙中，到汉睹货罗故国游行。古房计三处。于五日仍沿大路东行，于十一日到且末。于阗到且末，沿途破城最多，防范最难。当即商同于阗陈县长妥派干役，并派张国庆（权）一员协助办理，以策呼应，送出于阗境始归。此次司氏在戈壁游行，除记载日记，无法阻止，其余如挖掘及采集古物及测绘地图各情事，均经委员切实监视阻止，司氏尚能遵从我国法令，并无越范行为，惟在精绝及睹货罗二处，司氏曾出其往日所绘该地详图，系已制印成轴者，按图游行，并考查古屋，记其数目，观其变迁之势，列入图内，与前图比较，微有出入，借以觇风沙之变迁。窃查该二处虽系沙碛绝地，不通大路，然测量地形，各国通禁。委员当时迭再阻止，司氏抗不遵循，自称系考查古屋，纯系学问上之工作，并无别种作用，到省可面呈主帅，自请听候扣发等各语。此层尚恳核示办法。所有监视各情形，是否有当，合代电呈，请鉴核示遵。委员张鸿昇。二月十五日叩。

从这些报告文字看，张鸿昇等一行好像唯谨唯慎，没有放过一丝一毫的警惕。但只就尼雅，实际就在他的"计住五日，逐日步行出游"这句话的掩护下，斯坦因已实施了多处挖掘。这既是斯坦因行动诡秘、善于掩人耳目的表现；也是张鸿昇们睁一眼闭一眼，只求自己平安无事，并不真把监管一事放在心中的结果。这一切可以说都在斯坦因的预案之中。他在1931年2月3日致友人的信中，坦白了自己在尼雅的活动，他说"重访了从前来过的、熟悉的古代住所……没有放过任何重要的地方。30年来几乎看不出遗址状况发生了什么变化。虽然颇为凶恶的克里雅的中国官员的出现，吓跑了我所能找到的十来个劳工，但在我的帕坦人和一些老随行者的忠诚地尽力下，我才能搜寻我以前保密的那些遗址。因此保证了为我们公元3世纪文献的收集增添了新的内容——我向这个所喜爱的古代遗址最后一次道别。这是我在一个死气沉沉的遗址待得最长的地方"。

在尼雅，斯坦因真是在文献的搜集上"增添了新的内容"。他虽决定离开新疆返回印度，但并不直接回去，而是利用新疆当局的软弱，继续从尼雅到安得悦、车尔臣、库尔勒、库车、阿克苏，环绕塔里木盆地走一圈，搜罗新疆文物的初衷，并未改变。

金树仁对斯坦因无视自己的命令，在塔里木盆地周围环游一事无可奈何，只能于1931年3月14日发出一份明电，令"库尔勒、焉耆、库车、阿克苏、巴楚、疏勒各县长，并探投张委员鸿昇"，批评张鸿昇"司代诺在精绝及睹货罗二处测量地形，攸干例禁，该委员对于此种行为并不严加阻止，殊属非是。现在该氏已愿返国，将取库尔勒大道由喀什出境，在此经过途程中，不得再有测绘及搜掘古物行为，仰即切实监视，勿稍疏懈，如有携带古物，准其扣留"。就在这样一种官样形式中，斯坦因一路行去，"三月二十九日到库车，休息二日，于四月一日仍由大路前进，拟由喀什取道蒲犁回国"。

1931年5月18日，斯坦因离开喀什。在尼雅等地所获文物共一百多件，在一再要求带回研究被严厉拒绝后，无可奈何地移交给了喀什行政长官马绍武。在随后马绍武给金树仁的电报中，明确说"英员司代诺已于五月三十日由蒲犁卡出境，查验行李并无任何古物及其他违禁品"。实际上，斯坦因是带了不少文物，企图蒙混出关的。这里，马绍武并没有如实禀报金树仁。斯坦因欲带走的一百多件文物，最后究竟下落在什么地方，马绍武也没有做出任何交代，至今仍是一个谜团。

斯坦因第四次在尼雅，虽连来带去只待了七天，还是得到了十分重要的收获。这次由于有人监管，不允许他公开发掘，所以他只能装作无事，在遗址转悠，在帐幕中休息，吸引监管的注意力。而在他的指使下，随从中的阿不都尔、贾法尔、赛依德、雅新却重点清理了斯坦因早已决定的N14遗址，在N2、N12遗址也做了一点工作，就这样，在派去的监护人的眼皮底下，他还是获得了汉文文书26件，其中22件出土在N14遗址中。所谓N14，是精绝王室宫廷所在，地位不同一般。

在斯坦因这次所获26件汉文木简中，其中有一支出土在N12遗址附近的木简，残文中有"□□□武□□□汉精绝王承书从□"等字，可以证明木简出土地就是汉朝属下精绝王国故址。有了这支木简，尼雅废墟就是精绝王国故址所在直接得到了考古学证明。

实事求是地说，在尼雅考古中，这枚汉简应该是一个比较重要的发现。但直到斯坦因去世，好像并没有受到重视，文字没得到辨读，内涵没得到阐发。照片、底片一直尘封在英国图书馆东方与印度事务部收藏品部的一件木匣中。直到1995年，也就是距离斯坦因第四次尼雅考古64年以后，中国学者王冀青研究斯坦因第四次中亚考察，由穷究相关文物的去向，转到寻觅相关照片之下落，最后终于在图书馆工作人员的协助下，重新"发掘"到了相关汉文、佉卢文照片和底片，才使这件重要文物重见天日。

20世纪30年代围绕斯坦因第四次尼雅考古而展开的这场较量，今天已被大家淡忘。尘封在少人问津的档案库中的资料，也已不能完整展示当年曾令人寝食难安的情形。虽然斯坦因第四次尼雅考古在沙漠中折戟，然而，围绕这一曲曲折折的过程，我们也清楚地看到了当年中国社会的众生相，这对我们认识20世纪前期的尼雅考古过程，不失为值得注意的篇章之一。

中国考古工作者初涉尼雅

随着1931年5月斯坦因黯然离开塔什库尔干，尼雅考古也逐渐淡出了中国西部考古舞台，淡出了西域研究者们的视野。

直到20世纪50年代后期，新疆考古、西域古代文明研究才又被重新提上中国文物考古界的工作日程。

1959年2月，中国历史博物馆研究员史树青，作为新疆少数民族社会历史调查组一员，进入尼雅精绝故址。史树青的尼雅之行虽工作时间很短，只是粗略调查，但这件事却值得记录在案：20世纪中，他是中国文物学者步入尼雅第一人。

他在尼雅遗址一区大型建筑中，曾经清理过一间厨房，据他的《调查随笔》介绍，遗址的位置应该是佛塔南部的尼雅第3号遗存（N3）。清理中发现了麦子、青稞、糜谷、干羊肉、羊蹄、雁爪、干蔓菁、铁斧、木箸、苇制扫帚、箩圈、牲畜鼻栓、马绊、鞣制皮革用的木擦；在距清理遗址不远处，还特别注意到一处炼铁遗址及相关的烧结铁、矿石、坩埚等。

史树青尼雅之行最大的收获，是在民丰县征集到了一方碳精刻的"司禾府印"。印方形，边长2厘米，桥形纽，阴刻篆书。"司禾"，顾名思义是与屯田农业生产相关的机构。古代西域，地旷人稀，丝绸之路开通后，使节、商旅往来频繁，后勤供应是一个最为重要的

○ 司禾府印

问题。西汉政府当年最成功的一项政策，就是在丝绸之路沿线屯田，屯田部队有警时为军，平日则屯垦务农。这一政策得到各绿洲城邦的一致拥戴。尼雅河谷的精绝城邦虽小，但地居冲要。精绝屯田，史籍无载。但"司禾府印"出土，清楚表明在汉晋时期的尼雅绿洲上，也曾设"司禾府"统率部分屯田士兵，在空旷的尼雅河谷择地垦殖，这填补了历史文献的空白。

1959年深秋，新疆博物馆筹备处业务负责人李遇春，带着一支刚刚步入考古队的年轻人，在物质条件极度贫乏的条件下，决心进入尼雅沙漠，为新疆博物馆寻求展陈文物，前去精绝故国遗址一探究竟。

1959年10月8日，带着馕、面粉、装了水的铁桶，李遇春率领阿合买提、克由木·和加、吐尔逊、买买提·阿吉等离开了民丰县城，北向尼雅。我在这里转述他们当年的壮行记录：

8日，"沿着尼雅河的流向，往北向沙漠中走去。当天晚上，住宿在尼雅河畔的一处泥滩上"。

9日，"上半天，还不时地穿行在红柳堆和苇草丛中，下午露宿在尼雅河的尽头"。

10日，"离开了河岸，逐渐地没有了草木，开始走上一望无际、寸草不生的流沙中了……投宿于尼雅公社的红旗大队"（今天的卡巴克·阿斯卡尔小村）。在这里，休整了一天。请了15名去过尼雅遗址的社员，作为民工。

12日，经过大玛扎，进入枯死的胡杨林。"曲曲弯弯没有路径，甚至连骆驼也无法骑乘，只好在树隙间穿空步行。整行半日才摆脱了森林区而住了下来。"

13日，一早"又踏上了高高低低、满目沙丘的艰难途中。10月份的沙漠里，天上无片云，地下无寸草，空气既干燥又炎热，连号称'沙漠之舟'的骆驼，也吃力地喘起气来；人更困难，走半小时就气喘得坐在沙上休息，但一休息就爬不起来了，只好相互拖着勉强前进"。

14日，"行程更加困难，人畜都非常疲乏。幸而在下午两点，到达一处有十几间破屋残迹的地方"。向导讲，"前面不远就是'炮台'！这句话使大家兴奋异常，振作精神继续前进。日落的时候，果然到了尼雅遗址"。

经过7天跋涉，他们进入尼雅。"白天热到35—40摄氏度，晚上又冷到零下10摄氏度左右"，"因为饮水不济和一次十级大风的影响，无法继续工作"，在遗址区内工作了9天，于同年10月27日回到了民丰县。

新疆博物馆这支考古队，第一次进入尼雅，清理了10处民居。这些民居不少都有四五十年前斯坦因挖过的痕迹。调查清理过程中，采获了木制带杆纺轮、残箭杆、牲畜颈栓、捕鼠夹、木瓢、铜钩、30件佉卢文木简、木牍、粮食、彩色毛织物、丝棉织物、鞋楦、木筷、"长宜子孙"铭文铜镜、剪边五铢钱、铁镰、贝饰、玻璃片、料珠等，总计文物近千件。

新疆博物馆考古队这次在尼雅的最大收获，是发现了一座保存

○ 鸡鸣枕

○ 人兽葡萄纹毛织物残片

○ 1980 年进入尼雅时
采集的雕花小柜门

○ 尼雅遗址中的桑树林

十分完好的精绝贵族夫妇合葬墓，这是当年曾轰动过新疆和全国的重大发现。木棺中未朽的尸体，穿着在古尸身上色彩艳丽的锦袍和各色精美的日用品，令年轻的考古工作者兴奋不已。

精绝贵族的干尸身穿"万世如意"锦袍，绛紫色地纹上满铺卷云、异兽，其间穿插"万世如意"隶书文字的织锦，富贵而豪华。鸡鸣枕、丝绵帽、覆面、上衣、长裤、手套、袜……里里外外，非锦即绸，色彩纷呈。除大量丝织物外，棺上覆盖的印花棉布，棺下铺垫的毛毡，随葬有藤奁、漆器、木梳、"君宜高官"铜镜、日用陶、木器、弓、箭、铁刀、金饰、珠饰及一小块纸片。精绝王国上层贵族曾经追求及实际享受的物质生活，他们与中原大地的联系状况，超越时空，清晰地呈现在今人面前。

1980年12月，新疆博物馆考古队又与和田地区文物保管所合作组队，再进尼雅。这次尼雅考古，工作时间也不长，在遗址内只待了8天，获得木质佉卢文简牍40件，还采集了部分建筑雕刻部件、丝毛织物、铁刀、木锨等，尤其值得一提的是在尼雅遗址中采集到陶蚕一枚、残茧一件。这些文物现在收存在和田地区的文物陈列室中。中原大地的养蚕缫丝工艺，何时进入新疆，一直是人们关心的一个问题。斯坦因在丹丹乌列克沙漠中拿走的蚕丝公主木版画，玄奘在《大唐西域记》中叙述的东国公主暗藏蚕茧到古代和阗的传说故事，一直是人们在分析这个问题时摆在案头的重要资料。如今，在汉晋时期的尼雅遗址内，不仅出土了残茧，还出土了表示尊崇、喜好的陶蚕这一事实，表明蚕丝工艺进入新疆及由此进一步西传至西南亚洲，造福于丝绸之路沿线的各国各族人民，时代实早于唐朝，古代精绝人民在这一崇高事业中曾经做出过奉献。

尼雅考古展新页

与20世纪50年代以前在尼雅遗址上断断续续展开过的考古相比较，90年代展开的中日联合尼雅考古工程具备了不少新的特点。这次尼雅考古自1988年始，至1997年结束，前后历时10年。它持续时间长、参与人数多、涉及学科广、组织科学、工作严谨、发掘成果

○ 20世纪90年代，中日联合尼雅考古队扎营在沙漠深处

丰硕，尼雅考古较之既往，向前迈出了一大步。

10年内，尼雅考古工作除1989年因故暂停1年，其余9年持续不断。在近200平方公里的尼雅遗址区内，考古人员穿梭往来，始终进行着比较翔实的调查、测量，大致摸清了遗址的全貌；在这一基础上选择几处遗存，包括居址、佛寺、墓葬地，实施了科学发掘。

为比较好地把握在沙漠中生活、工作的合适时间，既不要劳民伤财，关山万里奔到沙漠后蜻蜓点水般稍待几天，旋又撤出；也不要因时间太长、过度疲劳而使工作队员身心俱疲，不能保证工作质量。1993年，作为业务工作负责人，我曾有意识地进行过一次体验。半个月工作，基本还可以保持旺盛的精力、饱满的情绪，进入第三周，即渐感体力不支，比较疲惫，工地上的笑声慢慢减少，早晨起床的速度变慢，沙漠中行走的速度明显滞缓，效率降低。这一年，在第21天收工撤队时，工作队员已普遍相当疲劳。根据这个体验，1993年以后的调查发掘，一般都把握在3个星期以内，不少于半个月。粗粗统计，9年尼雅考古，工作队员在沙漠中的实际工作日，总计有140天左右，虽不算太长，也不算短。

9年的尼雅考古中，为确保工作的连续性，我们除保持着一支数量不算大的基本队伍外，只要工地后勤供应可以承受得起，就尽量满足一些希望进入的相关专业工作人员的愿望和要求。这样一个原则，使我们这支尼雅考古队的成员不断膨胀。1992年以前，每年没有超出16人；而到1993年后，人数猛增。中日双方队员合计，最多时达到35人，一般也总在30人以上，加上雇工、司机等后勤保障人员，是相当庞大的一支队伍；成员中年龄悬殊，从20岁左右的小伙子到年届70岁的老者都有；大家使用的语言不同，说汉语、日语、维吾尔语的都有；服饰也异彩纷呈，每年10月初，考古队成员集中到民丰县城后，不仅会立即在城内成为一道色彩鲜明的风景，而且立时会成为全县关注的中心：平日少人的招待所一下子爆满，小城市场上蔬菜变得紧俏，满载着帐篷、睡袋、发电机、液化气罐、烧肉烤馕的无烟煤，活鸡、活羊……这些琐碎的事情一连几天会成为尼雅河边的民丰居民街谈巷议的话题。尼雅河尽头沙漠中的人类废址，在他们的心目中，又平添了身价，甚至让他们感到了作为尼雅河居民的光荣。

人数既多，专业成分也比较复杂。涉及专业除考古学外，还有历史、地理、沙漠、生物、佛教史、古代语言文字、地形测量、古代织物及图案研究、遥感分析等许多不同学科。

自1993年至1997年的发掘，收获颇丰。精绝王族墓地、佛寺的发掘，填补了既往考古工作的空白。保存极为完好的精美丝、毛织

○ 考古发掘现场之一：在沙尘掩覆下揭露出寺院、官邸

物衣服，随葬的食品、用器，远自东、西方来到这里的装饰物，清楚地呈现了沙漠深处精绝王室成员们的生活情状；佛寺墙壁别具特色的壁画，一般居室的布局，隐匿在胡杨、红柳丛中的圆形土城，距王室住地不远的手工作坊：窑址，残碎的珊瑚枝、玻璃片……使汉晋时期的精绝城邦逐渐在我们面前展开了它昔日的风貌。

除了尼雅考古收获颇丰之外，自1983年开始，塔里木盆地也展示着一个巨大而深刻的变化。中国石油勘探队伍在现代科学技术支撑下，纵横驰骋在塔克拉玛干沙漠，找到了一处又一处蕴藏丰富的石油、天然气资源。1987年6月，国家领导人视察塔里木油气勘探工作，提出可以利用大规模油气勘探的有利条件，对塔克拉玛干沙漠实施多学科综合考察，为此成立了"中国科学院塔克拉玛干沙漠综合考察队"。沙漠气候、沙漠地貌、第四纪地质、沙漠地区水资源评价与利用、沙漠植被及动物、土壤与土地资源等项目，均列入考察计划之中。最初的计划并没有考古。当时的国家科委主任宋健在听取有关汇报后，提出一个思路：在塔克拉玛干沙漠中，湮没不少古代城市。这些城市的兴起废亡，不仅对了解过去的沙漠环境变化、历史研究有大价值，对我们今天思考塔里木盆地的建设和发展，也有重要意义。要求在综考项目中，包含考古课题。这一富含睿智卓识的意见，促使我在塔克拉玛干沙漠综合考察中领受了新的考古课题，组织起一支考古队伍，深入沙漠现场，分析、认识大沙漠中古代城镇兴废、环境变迁的内在制因。

尼雅河水系自然是我们必须深入工作的一个地域。因此，1991年当我步入尼雅遗址之中时，实际还肩负着塔克拉玛干沙漠综合考察队探索尼雅河流域人类活动变迁的任务。

我们从塔里木盆地的卫星图片观察沙漠中的点点绿洲，可以得到的最清晰的概念，就是它们都分别展布在沙漠中的一条条内陆河川上。一条河流，就有一条带状的狭长绿色走廊，揳入黄色沙海中。而相邻河谷水系内的绿洲，彼此为浩瀚的沙漠阻隔，来去不便，交往困难。可以想象，在交通主要还只能以骡马、骆驼为代步工具的年代里，以一条河流为命脉构成的地理单元，往往就会成为同一水系内居民生存、发展的主要舞台，成为不同历史时段内封建史学家笔下的西域城邦国家。虽然不同地理单元构成的小国之间，会有矛盾、冲突，发生兼并战争。但在一般形势下，同一条河川的上下游

○ 古尼雅河床沉积在风蚀沙丘之下

之间，联络方便，会是古代居民们迁徙往来、寻求发展时比较容易转换的空间。

因此，我们在思考尼雅河下游汉晋时期精绝废墟的历史兴亡时，首先设计的研究布局，就是要对尼雅河全流域进行比较全面的考古调查，力争在较短时间内理清这一地区考古文化的总体状况，探求其发展脉络。大家一直关注并已投入过很大精力的尼雅废墟，只是这一发展链索中的一个环节，而不是尼雅河流域考古的全局。

本着这一总体设计，作为综合考察的一环，1989年夏天，我曾安排考古队员们步入昆仑山中，循尼雅河上游河谷进行踏勘。实际上，这片荒凉的山前戈壁，早在1987年时，已经有中国科学院古脊椎动物与古人类研究所、美国亚利桑那大学、中国科学院新疆生物沙漠土壤研究所的专家们投射过关注的目光。他们观察到，在尼雅河谷上游、昆仑山北麓地带，是一大片由巨大厚重的砾石构成的洪积扇，自山麓逐渐递降，由海拔 2400 米以上分三级降低到海拔 2000—1600 米以下，直抵现在的山前绿洲。它是昆仑山在地质时期第四纪更新世阶段间歇上升及冰川洪水下泻冲刷而形成的一种地貌。但就在这种现代人无法生存的环境中，考古学者们发现了早期人类活动的痕迹。

在尼雅河东源乌鲁克萨依与西源汇合点稍南，有一片紧贴昆仑山山体的三角形地面，这里是尼雅河第一级洪积扇顶端，海拔达 2500 米。巨大厚实的砾石层上覆盖着时代较晚的厚 10—40 厘米的浅褐色粉砂层。粉砂层内，有相当丰富的古代人类遗留的石制工具，及制作工具时残余的石片。比较典型的遗物是用硅质岩打制的细石核、细石叶。有些细石叶边缘可以看到使用过的痕迹。部分石器一侧或两侧都经过修整。由这个人类遗址点向北下行约 15 公里，在纳格日哈纳西北，第三级洪积扇地表，一处干河床的岸边，又发现了 5 件人工锤击石片。工艺特征具有比较原始的特点。这里的海拔已降低到 2000 米。

在这两个地点采集到的石器，从制作工艺上虽可以约略见出早晚，只是它们都采自地表，这为更准确地判定它们的制作年代带来了一定的困难。

地质学家们大都认可，地处北半球中纬度地带的新疆，因为整个第四纪期间全球气候变动，这个地区受着冰期、间冰期交替的支配和影响。进入冰期，气候寒冷干旱；间冰期内，气候比较湿润。

在第四纪全新世早期，是气候比较温暖的一个阶段。这时的塔里木盆地周围，高山上的冰雪消融速度加快，洪水下泻，河水上涨；盆地中风沙活动相对较弱，沙丘活动滞缓，甚至停止。内陆河川水量充沛，植被生长繁茂，对原始社会早期阶段的居民来说，这时的塔里木盆地是一个比较适宜的生存环境。根据大量孢粉资料分析，这时期的塔里木盆地，包括尼雅河流域在内，林木茂密，是第四纪全新世中最适宜的一段气候期，它的绝对年代在距今7000年至4000年前后。考古学家有一个观点，塔里木盆地周缘比较繁荣的细石器文化，就生成发展在这一时段中。尼雅河谷上游采集到的细石核、细石叶，它们的主人大概就是生活在这一时间段的早期居民。昆仑山北麓河谷两岸，茂密的林木内，果实丰硕，动物出没，采集、狩猎均可得其便，这决定了他们的生活方式。

尼雅河上这些早期游牧人，随着间冰期的消逝，新冰期的来临，迁到了何方，是我们关注的一个重点。在尼雅河中游大玛扎西侧冈梁上，发现过细石器标本，这自然可以作为早期游牧人循尼雅河北进的一个证明，但我们的调查没有获得更多的资料。倒是在沙漠深处发现青铜时代遗物的消息吸引了我们的注意力，于是，决定组织力量对沙漠腹地的尼雅河尾闾地带进行勘察。

尼雅河尾闾地段的沙漠深处存在早期人类活动遗存，最初是由水文地质科学工作者王玉等在这片地区进行调查时发现的。他们关心尼雅河水古今流程、流量的变化，对与水关系密切的人类遗存，其热情并不亚于考古人员。1991年我去水文地质队当面讨教他们发

○ 尼雅北部所见青铜时代考古文化遗物

○ 马鞍形石质磨谷器

现的资料，据介绍，在东经82°48′39″、北纬38°21′40″到东经83°19′、北纬39°35′之间，他们先后观察到明显的人类活动遗迹点就有13处。大量文化遗物暴露在那些偶尔还裸露着河水淤泥的地面上：马鞍形磨谷器、陶片、圆形石球、青铜刀、骨珠饰物等，一眼便知都是古人使用过的东西。而且，还不止于此。他们还发现了一段长达20多米的人工墙垣。这种种迹象，使我们悬念深深。

1993年，我已将主要精力放在了尼雅考古现场。我们怀着强烈的期盼，派出了一支小分队，队员有于志勇、张铁男等，从尼雅考察营地出发，骑骆驼行走3天，北入沙漠43公里，一探王玉等人见到的古人类文化遗存。

进入预定考察地区，破陶罐、残碎陶片、马鞍形磨谷器、石刀、羊骨等，清楚地呈现在我们面前。水文工作者们的观察记录报道是翔实而准确的。在沙丘间，考察队员们发现了一处数十平方米的羊粪层，厚达25—30厘米。这平常不为人注意，或会绕道他行的处所，一时成了考古队员们关注的中心，这么厚的粪层，得多长时段、多少羊只才能集聚而成？随意散牧是不会形成这样的现象的。主人的羊群，有着固定的栖所。附近应该有水有草，胡杨红柳丛生，而且财产的隶属关系、管理的责任都很明确。主人的住地也应该就在不远处。这些都是可以推及的结论。这3天的考察行程中，考古队员阿合买提还无意中在一处沙丘底部发现过一把保存得相当完好的青铜小刀，通长仅10多厘米，采集后作为珍宝放在了系挂在驼峰边的工作包内。返回营地后，阿合买提十分高兴地向我汇报这一发现，但这把显示着青铜时代文明光彩的铜刀，却遍寻不见。一路沙丘起伏，颠簸不停，它又不知什么时间从背包中滑出，究竟失落在了何处？

汉晋尼雅遗址以北，还存在一处青铜时代文化遗存，分布范围广大。从事农业生产的聚落，丢失了的青铜小刀，成了我们设计尼雅考察计划时难以摆脱的悬念。在1996年，我们终于又一次派出了前往沙漠北方调查的小分队，再探这片失落在沙漠深处的遗址的面貌。

这次调查又发现一处新的文化遗存，一些陶器、石镰、残铜片、磨谷器及457颗骨珠、料珠，进入考古队的视野。继续北行又发现铜刀、石镰。再继续向北稍偏西行，不仅见到了陶器、石器，而且发现了炼铜用的坩埚残片。再稍北处，一处木骨苇墙的建筑赫然入目。虽然，我们这次还没有走到那道20米长的人工土墙前，但尼雅考古不论在地域范围、还是在时间跨度上，都已给我们打开了一扇新的窗口。

虽然调查只有短短几天，文物也只是采集自沙地表面，在这样

○ 尼雅的北青铜时代古址

的基础上，难有可能进行比较深透的分析。但它带给我们的历史信息还是丰厚的：在距今至少已有三四千年的青铜时代，尼雅河的子民们，利用间冰期比较湿润的气候，不畏艰难，把自己的活动舞台随着流泻的河水，深入到了浩渺无际的塔克拉玛干沙漠腹地。当年的尼雅河流程要比今天长出很多，水量也不小。吮吸着尼雅河水，他们开垦出了大片的土地，随处可见的马鞍形石质磨谷器，磨制精巧的石镰刀，大量的陶器，说明农业生产在他们当年的生活中，占有重要的地位。至于所获文物，不论是陶质杯、罐的造型及其上的几何形折菱纹装饰，还是直背斜刃铜刀，凝聚其上的风格及审美情趣，都与尼雅废墟中所获所见不相统一，明显是前一个历史时期的作品。

从这片遗存沿尼雅河谷上溯40多公里后，就是传统概念上的尼雅废墟，是文献有征的两汉、三国、晋代的精绝故国遗存。

在晋代精绝废毁以后，它的居民走向了何方？揆情度理，应该就是唐代文献记录的尼壤城。玄奘在游学印度后东归中土，经行丝绸之路南道时，曾到过这个"尼壤"，《大唐西域记》中记载过他对尼壤城的印象。我们也曾根据文字记录去寻求它的具体位置，但未得结果。在大玛扎至民丰县的绿洲间，有一处具有沼泽地貌的小村，名为"渔湖"，简单勘察，却未获得一点点古代遗址的信息。

宋代以后，尼雅河水系内的聚落中心慢慢推进到了昆仑山下。今天的民丰绿洲，郁郁葱葱，显示着它作为尼雅河流域中心城镇不一般的地位。

梳理迄今为止所得尼雅河水系内的考古调查、发掘资料，可以构架出一个粗略的轮廓性概念：在距今6000年以前，尼雅河流域的早期居民，曾涉足、活动在昆仑山北麓尼雅河上游河谷台地，在这里选择随处可见的石料，打制工具，进行采集、狩猎，获取生活资料。而到去今三四千年前，他们已经循尼雅河北上，在塔克拉玛干沙漠深处的尼雅河尾闾地带营造自己的家园。这片地区地势开阔，河水漫流，引灌方便，是早期先民进行农田垦作比较理想的地点。他们取昆仑山前的卵石，制成粉碎谷物的马鞍形磨谷器；取硅质岩加工为弯背弧刃镰刀，收割粟麦；制作了蒸煮淀粉类食品不能少的陶器；青铜刀切割兽肉，相当锋利；小型坩埚可以冶炼。到公元前5世纪前后，尼雅河的子民们逆河上行，迁徙到了目前的尼雅河中游精绝废墟所在。在既有文明的基础上，他们建立并进一步完善了自己内部等级森严、有法律约束的精绝王国。至于他们为什么舍弃这片沃土逆河上行，这一变化的原因及过程，目前无法说得十分具体。

精绝王国最后废弃的年月，目前还不能说得十分具体准确，但在公元4世纪以后，这里大概已是人去室空，化成了一片无人的死域。有的学者曾误以为唐代尼壤也在这片土地上，看来并不准确，因为遗址中并没有一点唐代文化的痕迹。至于唐代尼壤所在，今天虽还不得要领，但总在精绝故址更南、更近于昆仑山的处所。尼雅河的子民们，先是在尼雅河的上游，而后受农业生产的驱动，进入河流的尾闾三角洲。再下一步，就不断向河流的中上游逆行。在它的后面，可以看到生产本身的要求，人口的增加，核心是对水的追逐。

3 精绝王国面面观

《汉书·西域传》记录精绝，只有短短81个字，是统治阶级关注的精绝国的位置、人口、兵员，是政治秩序运行不能或缺的内容。考古，才慢慢揭示了精绝的语言、文字、建筑，社会经济生产、人们的生活面貌、丝绸之路沙漠道运行的实际……一步步接近了历史的真实。认识古代文明，考古是一个不可或缺、十分重要的手段。

精绝故址概观

　　精绝，虽在公元前2世纪西汉王朝时期才进入当时政治家们的视野，但它实际出现在这片土地上的时间，要远较西汉为早。在尼雅遗址中部1号住宅（N1）居住面以下半米深处，曾发现过一片炭粒，大小不等，聚积在洪水冲积成的沉积土中。它们与白色石灰面共存。C14测定它们的年代是距今2480±39年。这说明在距今约2500年前，尼雅遗址已有人类居住。人们住室的地面或墙壁，曾经涂抹过石灰，但一次较大的洪水冲毁了这处居室，墙面、房内被烧过的炭粒，都被洪水卷走，并沉积在淤泥中。那时，尼雅河虽然已经没有力量流泻到沙漠中心——距此40公里处的青铜时代遗存，但在今天精绝故址上，仍然可能是洪流汹涌的。这片水源丰沛，地势也适宜的地段，成了尼雅河子民新的集聚点。

精绝废墟，目前所见遗迹，大概南起北纬39° 50′ 36″、东经82° 43′ 57″，北至北纬38° 02′ 30″、东经82° 43′ 10″处，沿尼雅河古道呈条带状南北方向展开，海拔1250米上下。目前所见主要是精绝王国后期的遗存，可能也有一部分是汉代精绝，即精绝王国前期的遗迹。它的面积，大家已习惯重复当年斯坦因得出的结论，南北最长为27公里，东西最宽处是7公里，一般是3—5公里。大概估算，整个尼雅废墟的面积也就是180平方公里左右。但这可能是并不准确的数字。当年精绝国土面积，按情理，会比这一数字大出很多。至少在东西沙梁之间，南部胡杨林以北、北部沙山以南这一相当广阔的地域中，会是精绝王国有效管理的土地。这样计算，这一地域较目前只见遗迹的地带，面积差不多大出一倍，达四百平方公里左右。但即使如此，也实在不能说大。在新疆，一个最小的县，面积也总有二三万平方公里，最大的县，面积可以达到十多万平方公里。从这个角度去看尼雅，这个颇具声名的汉代王国，领地实在是很小的。最多，也就如同今天一个行政村的面积。将它与公元初始活跃在丝绸之路南道上的精绝王国等同起来，有时会让人产生一种相当奇怪的感觉。但这的确是历史的事实。

在这片近400平方公里的遗址中心地域内，我们曾非常注意调查尼雅河的具体流向，借以把握遗址的血脉。然而费了不少时间，终因太多地段河床都已在长期厉风侵蚀中消失殆尽，或被丛丛沙丘覆盖而无法得其要领。从主要居址边都见到古代河床，可以推定在这片地势平坦的地域内，当年确曾是支流并行，在在河水泛波；河岸树荫深处，总有精绝人家。

在整个尼雅遗址区域内，斯坦因当年调查记录在案的建筑遗存有近40处；我们在20世纪90年代持续近10年的调查，登录在案的古代遗存达到了150多处。这个数字，虽然比较斯坦因的成果超出了几倍，但与《汉书·西域传·精绝》条中所记录的精绝有480户3360人相比较，还是差了一大截。原来，登录在案的建筑遗迹，都是特征十分明显的古代遗址。而一些曾经有人居住、活动的所在，大多已消失在遗址区内鳞次栉比的巨型沙包内。

150多处遗迹，今天仍可观察到集中为10多处聚落。当年精绝人在营建这片新的家园时，因地制宜，有过一定的规划。略举数例以为说明。作为王国核心的精绝王廷，安全是第一要素。它的位置，没有放在整个遗址的最核心中部，而是安排在了整个遗址的西北隅地势稍高的一处台地上。王廷之北、西两面，是绵亘的高大沙丘；东边，有尼雅河流过；更远处，是一片十分开阔，可供军事、礼仪活动的平野；在王廷以南，1—2公里地段内，是一片窑址，近10座土窑已严重风化，红褐色烧土裸露在地表。储水涝池旁，烧结铁块、珊瑚珠、玻璃片、坩埚残片麇集在一起。这是一处规模虽不大，但与小小城邦王国经济生活却是有重大关系的手工作坊区，是官营工场所在。如有外敌循尼雅河谷北上进袭，王廷所在位置最为安全、隐蔽，而且是十分便于向北、西方向转移的地点。又如，精绝王国除有传统巫教外，东汉以后佛教传入，佛教逐渐成为全社会主要信

○ 精绝王廷耸立在一处稍稍高起的沙丘上，前部，是一列倾倒在地的巨大胡杨

○ 过尼雅河木桥后东行约500米，有一片大半埋于沙下的屋宇

仰。作为宗教活动中心，现存主要佛教寺院居于整个遗址区的中部。精绝居民来此礼佛、听经可得其便。寺院不仅地位居中，而且建筑比较宏伟。高耸的佛塔，至今仍是尼雅遗址的标志性地物，其地位之崇高，不言可以自明。再如，在尼雅遗址最南偏东处，于尼雅河进入精绝的干流上，曾设置木桥。木桥部分构件仍在，颇为凄凉地斜卧在早已干涸无水、宽近40米的河床上。河床底部淤土，长期风蚀，高低起伏。今天看去，所谓桥，也就是几根木桩，一块较宽厚的木板，最宽处也只有40厘米左右，铺置其上，粗陋至极。但桥址所在，偏于王国中心之东南。敌对势力要通过大桥接近王国中枢，会比较困难。且河宽谷深，相当险要，东走西行，舍此再无津梁，其重要性当然不能轻估。当年沙漠道上的商旅、使节，驼马相续，负载的物质文明、人们的希望，都得经过这座木桥，才可迈向远方。我1994年过桥东行，约500米后，曾发现仍半露柱头，屋宇已埋在沙下。这一与大桥、驿路密切关联的居址，用心清理，当可觅求到难以预估的"丝路"遗迹。惜发现时，已无力展开工作，这是至今仍难忘却的遗域，希望今后的考古学者，能关注这一信息，争取为尼雅考古增添又一华章。

总体布局设定，在不同地段，受河流、平地制约，布设下属官员宅邸、普通村民农舍。许多当年的贵族宅院，至今仍散布在不同部位，但都在地势高敞的台地上，周围简陋的居室，大多已消失在了一千五六百年的厉风侵蚀中。

在遗址区内慢慢行走，任何一处住宅周围，都可以找到或密或

○ 只余木板的古桥，沉落在宽阔的河床上，渠岸上，一条南北向的渠道仍清楚可见

○ 这是精绝王国最典型的民居遗址之一，周围红柳沙丛密布，不大的空间内，营构了一区居室：主室、客房、厨房、储物间齐备，其间有廊道通联。考古工作者只要细心清除不厚的积沙，则一千四五百年前主人匆匆离去时的现场就有可能毕现在今人面前。这是清理其他任何考古遗存难以遇上的幸事

疏的胡杨、灰杨林，一些大树，干径可达三四十厘米，树身达10—15米以上，树龄或近百年。与这些林木比较，更靠近居室一点，会有一道用红柳或芦苇构成的篱笆墙回环在住所四周。一些住宅后部，还有保存得相当好的果园、葡萄园。桃、李、梨等果木，行距株距相当整齐。棵棵葡萄，虽枝叶无存，但根干布列有序。宅第前面的两行行道树，依然直直的，挺立不倒。我们每年野外工作的10月，虽已入秋，白天却还是很热的，看到这些行道树，立即会想起当年树下的浓荫。每到这时，总会想起一位诗人吟咏的诗句："劲绿成阴曲径幽，门前一道小溪流。"在沙漠深处营造出如此去处，颇可见古代精绝人安适、乐观向上的生活情趣。

精绝居民及其经济生活

从留存至今的史传文字中，有关精绝的内容，除涉及政治、交通梗概外，关于这里的人民，他们的语言、文字、经济生产、社会生活状况，他们的思想观念、艺术追求等等，几乎没有留下一个字。要为尼雅河流域的古代居民及其发展轨迹勾画出一个轮廓，只能依靠100多年来在这片土地上收获的考古资料。

在具体介绍上述内容前，先费点笔墨说说古代精绝人。

20世纪最先进入尼雅的斯坦因，曾经在尼雅遗址内采集到一具保存较好的精绝女性的颅骨。这具颅骨被他带回了欧洲，并转送到

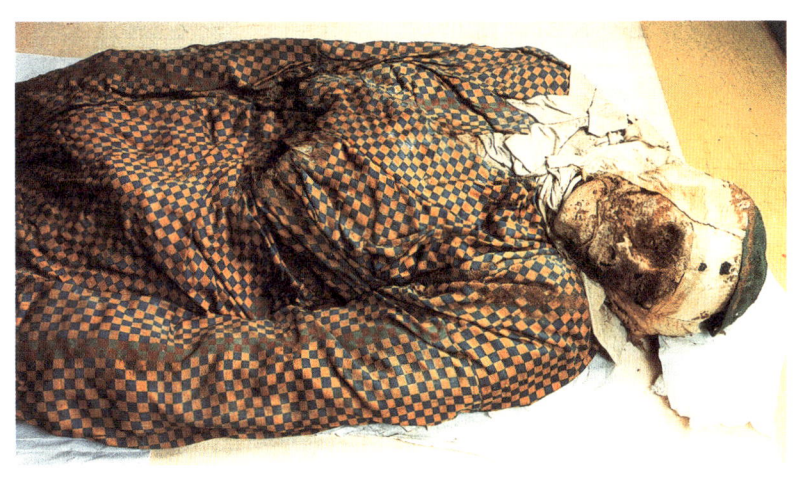

○ 通过末代精绝王遗体深目高鼻狭面的特征，仍可捕捉其高加索人种的形象

了人类学家基斯（A.Keith）的工作台前。经过认真测量、比较分析后，基斯提出了结论：这位精绝女性具有蒙古人种和欧洲人种两大人种混合的特征，是经过两大人种长期混融后的中间类型。这个结论在20世纪前期曾经受到学者们的认真关注。

从20世纪50年代以来，尤其是在80年代后的尼雅考古工作中，中国考古学者在精绝故址相继发现并发掘了5处较大型的墓地。这些墓地在遗址区内，不仅所处地段不同，墓主社会身份各异，从墓葬出土文物看，也明显具有不同的时代特征。墓地中不仅出土了大量保存完好的人骨，而且有不少保存完好的干尸。即使没有专业的人类学知识素养，也可以直观地看到他们大部分的形貌特征：身躯比较高大，体毛丰富，面型狭长、眉弓突起、大眼、高鼻骨，部分鼻尖极度鹰钩，大多为深棕色头发，少数头发金黄，给人们以典型白种人形象的印象。在另一些干尸上，也可以看到黑发、比较凹浅的鼻梁、较宽的颧骨、铲形门齿等，这又是比较典型的蒙古人种的特征。这些比较表面的、皮相的观察，同样给了我们一个突出的印象：古代精绝居民，种族不同，有着混杂的种族特征。这是地处亚欧接合地带的古代新疆大地上早期居民们具有的一种共同特点。

为了从人类学角度对尼雅出土的古尸、人骨做出学术性的结论，新疆考古研究所还曾经请体质人类学家潘其风到乌鲁木齐进行过测量。他前后共测量了23具标本，结论是："尼雅古居民颅面形态反映出的人种特征并不单纯"，"其中长颅结合高狭的颅型，狭长的面，狭的鼻型，高的鼻根，较显著的上面水平突变和深棕色毛发，与印度—地中海人种分支中的印度—阿富汗类型比较接近"，"金黄色头发、偏低的眶型，则又显示与印度—阿富汗类型的不一致"，"因此尼雅古居民的体质可能反映为具有不同类型人种的混合特征"，"个别个体也呈现出某些不同于欧洲人种的特征，如鼻根凹浅、鼻梁较低平、铲形门齿、颧骨较宽等……可能与蒙古人种相关"。潘其风在一系列测定数据支持下，得出的这些结论自然比我们直观的印象更有说服力。

关于精绝国人民的社会经济生活，考古资料提供的素材相当丰富。他们既适应也充分利用了尼雅河流域的自然地理条件，适应气候、水文特点，开展了农业、畜牧业、园艺果蔬的生产。在这一基础上，发展了制陶、木作、皮革加工、酿酒、毛棉纺织、房屋土建、金属冶炼加工、装饰品制造等日常生活必不可少的手工业生产。在不大的精绝王国舞台上，通过这些生产，人们的基本生活需要可以

○ 精绝王国武士配戴之刀鞘、革带等物

得到满足。只是我们千万不要把它想象成田园牧歌式的理想生活处所。空间的局限，不时降临的沙漠风暴，常年都有的尼雅河水丰歉不均，饮用、浇灌困难，财富差距带来的矛盾冲突等等，他们同样经常感受着自然环境、社会的压力，存在生活的艰难。

精绝人维持生存发展的主要生产是农业。一家一户为生产单位经营着小块的农田。比较耐旱的小麦、大麦、小米，是主要的农作物，在1995年发掘的尼雅1号墓地，墓葬主人棺木周围，为防止流沙渗入棺木之中，满满实实的填充物就是小麦、小米茎秆，部分麦、粟穗头仍在茎秆上。墓葬中出土的供逝去亲人享用的也是保存得相当完好的麦、粟面饼。除以麦、粟做饼外，还以之蒸饭，在遗址区多见的汉式陶甑就透露了这一信息。除粮食外，精绝人也种蔬菜。新疆地区人们至今仍十分喜好的蔓菁，就是他们食用的主要蔬菜之一。史树青清理一间古代厨房时，发现过的干蔓菁，为此提供了说明。

在一些风蚀不是最严重的地段，还可以见到当年的田块。田块面积很小，不少只有不足一百平方米。田块之间田埂、灌渠都还清晰可见。我们在遗址较南部古桥所在尼雅河段的东岸，发现过一条引水渠道，渠宽40厘米，至今仍高挂在河岸的土壁上，逶迤北去。这里地势比较高，从这里引水北行，水头高、水量足，可以满足遗址北部较高地块的灌溉要求。这一引水工程遗迹，既显示干旱环境中精绝农民耕作的不易，也表明他们在与沙漠缺水的抗争中已经取得的经验。

沙漠环境中农业生产的重要前提是必须管好水。管水，除上述

○ 半掩在沙包下的小块农田、水渠

灌溉技术外，合理使用是重要一环。在出土的佉卢文文书中，不少内容都与水的管理有关：用水，有专人管理；用水不当，如有人利用水冲毁仇家的地、房舍，会受到惩处；而且，水是不能无偿浇灌的，一件文书中说"水费及籽种费，应即由汝送来"。这一"水费"制度的细节，我们从文书中已不得要领，但在看似没有代价实际在沙漠中珍贵如生命般的水资源环节上，利用经济手段达到合理、节约用水之目的，它切合社会要求，显示了管理思想的高明。

与粮食生产密切相关的是水果园艺。遗址中见到过多处葡萄园。墓葬中出土过杏、桃、李、葡萄的核、葡萄干。遗址南部大桥近旁的一处葡萄园，面积有1500平方米（长50米、宽30米），规模不小。四边篱墙，葡萄根及支架的木桩，仍历历在目。不少地方见到桑树、沙枣树、桑椹、沙枣，以及佉卢文文书中提到的石榴、核桃，也是当年精绝人可以享用的水果。这些果品，至今在塔里木盆地沙漠绿洲上，仍富特色，品质受到称赞。在大陆性气候条件下，昼夜温差大，光热资源充足，水分全部由人工控制，这些地理因素使得水果甜度高、口感好。夏秋时节，水果飘香，不仅是人们的一大享受，也可以补充粮食生产的不足。

在佉卢文文书中，还见到茜草、紫苜蓿的记载。茜草可以用作染料，是手工纺织时不能缺少的一种原料；苜蓿富含蛋白质，是沙漠之舟——骆驼及马等大牲畜理想的饲料。它的原产地在波斯高原，随着丝路开拓，很早就已进入新疆。在畜牧业生产中发挥过重要作用。

畜牧业与农业并列，是精绝社会中另一重要的生产部门。遗址区内遗弃的大量兽骨，佉卢文文书中记录在案的内容，均可判明主要牲畜有骆驼、马、牛、羊等。羊肉是平日最重要的肉食资源，精绝王室墓的陪葬物品中，木盆上放置羔羊腿，应是当年最珍贵的食品之一。美酒羔羊，至今仍是新疆大地上不论牧区、农区普通人家最好的珍馐。牛，可用来耕作，其肉、乳也是生活中不可或缺的。牛奶还用来炼制酥油。酥油是精绝王室征收实物税中的一个重要项目，是受到珍视的食品。出土的佉卢文文书中，不少文件都见到追征、限期缴纳酥油的内容，它是上层人物才可能经常享用的奢侈品。马，在当年的交通中也是代步工具，精绝军人中有"骑兵"之设。

○ 盆中的羊腿、水果、粟饼，是精绝贵族的美食

但平日交通、驮运物资，骆驼居于比较重要的地位。进入沙漠，骆驼的优势无可替代。它宽大厚软的足蹠适于沙漠行走，耐渴、耐粗饲，驮负力量比马强，不是牛马可以替代的。从佉卢文资料看，当年骆驼饲养管理有一套制度，谁家有多少骆驼，牡、牝数量，小驼数，都登录在案；使用王室驼只，照应不周导致伤亡，会受到惩处。鹿，曾是狩猎对象之一。鹿在塔里木盆地至今仍可见到，为马鹿之一种。它的生活习性，以芦苇、茇茇草等禾本科植物及各种野生浆果、乔灌木枝叶如胡杨叶等为食。当年精绝猎人能在附近猎得马鹿，表明乔灌木、禾本科草类还是比较丰富的，环境比起今天要好很多。

各类畜群，除满足运输、耕作、肉食需求外，它们的皮、毛、绒还为纺织、制革提供原料。墓葬中所见的精绝人，不论地位高低，皮革制品、毛纺织物随处可见。皮质靴鞋、箭箙弓囊、放置小件物品的随身革袋、毛毯、上衣下裤，主要都是用的毛纺织物。既有简单粗糙的平纹毛布，也有比较精细的显花斜纹织物，或粗糙或精细的毛毯。贵族之家用着一些特别精细的地毯、彩色毛毯。房址内随处可见的捻线杆、打纬工具，说明手工纺织是家家女主人都必须从事的工作。

最近20年的尼雅考古，发现东汉及其稍后的人们衣着中，棉织物占相当比重。1959年发现的东汉墓棺盖上的一块印花棉布，其上有龙纹、持杯裸体人物、狮纹及其他几何形图案。

对这块棉布，不少学者曾认为它不一定是尼雅本地织造，可能来自印度。也有学者把棉布图案与贵霜钱币图像对比研究，认为

○ 东汉时期精绝贵族墓中出土，印花棉布上的丰收女神图像

"棉布上表现的应是一位流行在中亚贵霜王国的丰收女神——女神阿尔多克洒（Ardochsho）的像，她有项光，手捧丰饶角，左手捉住角底部，右手扶住角上部，这一姿势，与棉布上的形象完全一致。贵霜的国土与新疆相邻，贵霜国王胡毗色伽的时代又和尼雅1号东汉墓相当，棉布上的女神为阿尔多克洒，比较合理"。

尼雅古墓中，不少古尸身上都穿着本色的平纹棉布衣裤。衣服既已为平常穿用，消费量不会太少。根据这些资料，可以推论精绝王国汉代已种植棉花、纺织棉布。到东汉时，棉布使用已相当普遍。

以农业、园艺生产为基础的酿酒业，在精绝受到重视。在不少房屋遗址内，发现一种大陶瓮，小口、平底，既大又深的器腹，不少至今仍半埋在沙中，器口上盖着木板。这类陶瓮，完全可能曾经用于盛储酒液。精绝人好酒。在王室征收的实物税中，酒是一大项目，深受关注。不少佉卢文文书，是催缴酒税的。一件文书中提到所收酒税，竟被管酒的税吏自己偷偷喝完了，受到查究。这种酒，今天还无法说清楚是粮食酒，还是果酒。从葡萄园面积大到1500平方米来看，用葡萄酿酒是十分可能的。秦汉时的中亚大地，葡萄酒盛行，精绝有葡萄酒，并不令人奇怪。将葡萄捣碎、发酵后成为一种酒质饮料，至今还可以在塔里木盆地周围偏僻的绿洲小村中见到。在寒冷而寂寞的沙漠之夜，酒给古代精绝人带来的快乐，是怎样估计都不会过分的。

制陶，在精绝王国人民社会生活中占有比较重要的地位。陶质大瓮不仅可以用来储酒，也可储水、存粮。其他陶罐、蒸煮食品用

○ 半埋于土中的巨型陶瓮

的陶甑、日常使用的杯盘等，在在都要仰给于陶器。当年精绝面临
灾难，居民他走，慌急之中把比较重要，却又来不及处置的佉卢文
木牍也藏入陶瓮，埋在了居室内的沙地下。1991年，我们步入尼雅，
发现这一陶瓮已被人击碎，9件木牍散落在陶瓮旁边，道尽了沧桑人
世难以言说的变化。由于陶器使用面广，在社会生活中数量很大。
因此，今天在遗址区内，到处可见破碎陶片。一些地段，遗址虽已
不存，却有遍地的红褐色陶器粉末，成了已逝屋址的明证。这些陶
器，多为红褐色，普遍夹砂，大部分火候不高，陶质比较疏松。

佉卢文文书中，见到"陶工"字样。陶工工艺世袭，得到社会
的尊重。在出土的佉卢文文书中，记录了一个当年曾轰动精绝的爱
情故事，就与陶工有关。

叶吠地方陶工詹左的儿子沙迦牟韦，有妻室、儿女、奴仆，但
与黎帕那的妻子善爱有了婚外恋情。两人在情爱驱使下，抛弃各自

○ 沿用至今的捕鼠器

○ 精绝人使用的弓箭

家室，越过沙漠逃到了天山脚下的龟兹。在龟兹居住相当长一段时间后，得到精绝王的照应，重返故国。黎帕那为此要找沙迦牟韦算账，索要赎金。国王为这事下了一纸命令给当地主管官员，命令他保护沙迦牟韦，不允许因善爱的事情对他刁难或索要赎金。沙迦牟韦对自己过去的奴仆、子女、妻室，也都放弃相关的权利。

与陶器并存，木器的使用也较普遍。木构房屋、雕刻梁柱、门框，家家都用的食案，木质的盆、盘、碗、鼠夹、木锁，越过2000多年的风沙，至今都还可以看到。精绝王国子民当年可能深受老鼠之祸患，每处居室，我们几乎都曾发现过鼠夹。充分表现古代精绝木工聪明智慧的还有不少木锁、木钥匙。在卡巴克·阿斯卡尔小村，前不久，老乡也还在使用这类木锁、木钥匙。

弓箭制造，是专门手艺。因此，佉卢文资料记录有专业"制弓匠"。

精绝建筑及其背后的精神

进入精绝废墟，见得最多、留下最深印象的是满积苍凉的大小建筑遗存。残留在高台地上的断梁、立柱，已被烈日晒得发白，被厉风撕扯得满是裂隙。不算太小的木质梁柱，已完全没有木材色泽和质感，成了勉强还能连缀在一起的裂木团。

沙漠中的弹丸之地，不论过去还是今天，都是生态环境严酷、

○ 新疆考古学者清理的尼雅遗址5号遗存：木枕、立柱、红柳为骨，抹泥成墙工艺
保存完好

资源十分贫乏的。人们可以获得的建筑用材，也就是胡杨、灰杨、红柳、芦苇，甚至黏土都难寻，更不用说巨石和青砖了。于是，在尼雅河畔的精绝土地上，保留至今的古代建筑躯壳，就成了胡杨、红柳为主角的世界。举目四望，都是灰杨、胡杨为地栿，做立柱，芦苇、红柳编结成墙，并在红柳苇墙上薄敷泥土。最为奢侈的也就是泥层内外涂白灰，绘赭红色的涡卷、花卉图案。为了挡风沙，就在住房周围树篱笆、栽植树木。从物质角度看，是很简单的。但在蓝天、黄沙的背景下，有了这绿的树，再加上白地红花的墙，也确实鲜亮喜人，充满温馨。我们习惯称这种形式的建筑为"木骨泥墙"。

○ 卡巴克·阿斯卡尔小村
  现代民居构筑，可以透
  见相类的精绝房建工艺

○ 门扉依然完好的部分建筑遗址

沙土和季节性厉风使地面风蚀严重、疏松不平。为了平实地基，将枋木纵横榫接成为地基框架，其上用榫卯方法立柱、架横梁。这种结构的建筑受力均衡，抗风能力很强。

立柱间平置红柳、芦苇，捆绑严实，内外涂泥，造就成墙。为加固墙体，也有在小立柱中加横木，近底部加斜撑的做法。如果物质条件许可，也有在立柱两边修夹层红柳，其间中空处填入芦苇，再内外涂泥。这样的墙体厚实、保暖、抗风能力又会高出一层。沙漠无雨多风，土屋都是平屋顶，上覆芦苇、麦草、土；室屋房门多为单扇，较少双扇；在房屋残址中少见窗户，只有很少几处房址内见到过长方形木格。这可能与风沙肆虐的环境相关。

介绍精绝故址建筑工艺，有一个值得关注的现象，这就是在东汉至晋代一些较大型的建筑中有了斗拱的痕迹。

斗拱是周代以后中原大地大型木构建筑中独创的重要部件，具有拉伸屋檐、防止雨水对土木侵蚀的功能。在终年无雨的精绝王国，斗拱实际是"英雄"无用武之地的。但我们在发掘N5遗址时，确实发现了不少"斗"形部件，斗耳、斗腰、斗底的高比为2：1：2，与中原建筑法式的规定一致，这是十分值得注意的现象。"斗"在精绝稍不同于中原大地之处，是它主要置于柱、梁之间，可以说只是简单的坐斗，其功能只为了让平板呆滞的柱梁显出一点变化，起到装饰效果。部分坐斗的两端，雕刻了犍陀罗艺术风格的涡卷形纹饰，装饰作用更为明显。

除了多见"斗"形部件外，在N5一座佛教寺院讲经堂中，发现

○ 仍架在柱头的雕花木斗

以各种几何形小木块构成的斗四式藻井，形成天棚。小木块修刮平整，榫接严实。以轻质小木块拼接出藻井式天棚，较之一般在檩条上直接覆盖苇草，既干净又美观，是吸收中原建筑工艺的产物。

大型房屋，往往难以找到足够跨度的横梁。这时，就在大屋立柱之间或房屋中部另置立柱。柱下安设柱础。柱础为圆形，或底部作长方形、上部为圆形。

当年的精绝，人们社会地位不同，住处也不一样。有深宅大院、安处一隅的王廷，有小屋簇拥、气势壮观的官署，也有低矮简陋、人畜共处的民居。

精绝王廷，深处在遗址区最为隐秘的西北角一处小台地上，距遗址中心佛塔6公里多。因地势高敞，自王廷向东、南俯望，各类居

○ 精绝王宫1号建筑立柱

址都在其脚下。高踞于众生之上，是当年精绝王及其子民从不同角度都会产生的一个概念。

王廷由至少4栋建筑物构成。据地表露出的梁柱、篱墙痕迹测量，南北宽度至少48米，东西长度至少64米，总占地面积在3000平方米以上。汉代精绝王室成员互相赠礼的木签，当年就出土在王廷东侧的垃圾箱内。王廷北部偏东，同样为又一区处于高丘上的大型建筑遗存，在约300平方米范围内，保存较好房屋7间。周围有栅栏、巨树、宽阔的水渠，环境宜人。

王廷近旁有一区葡萄园，干枝仍存。葡萄园西南角为一个直径约7米的蓄水涝池，可以为饮用水、灌溉提供便利。

自王廷向南，在南北约400米、东西500米的范围内为官营手工

○ 3号建筑物东南
的土坯路面

作坊所在，清楚可见多处土坯、栅栏及倾仆在地的巨大树木，隆起如丘的2座窑址，4座小炼炉，大量烧土、炼渣，发红的炉壁残块及储水池遗迹。在这片遗址范围内，曾采集到大量珊瑚装饰物、残碎玻璃，石、贝质饰珠及一方汉文青铜桥纽小印，印文不清。作坊之主事者，或者为来自中原的汉人。

官署建筑较王廷规模虽稍逊一筹，但建筑规模也比较大。其中尼雅1号（N1）、尼雅3号（N3）、尼雅5号（N5）等多处遗存，都可

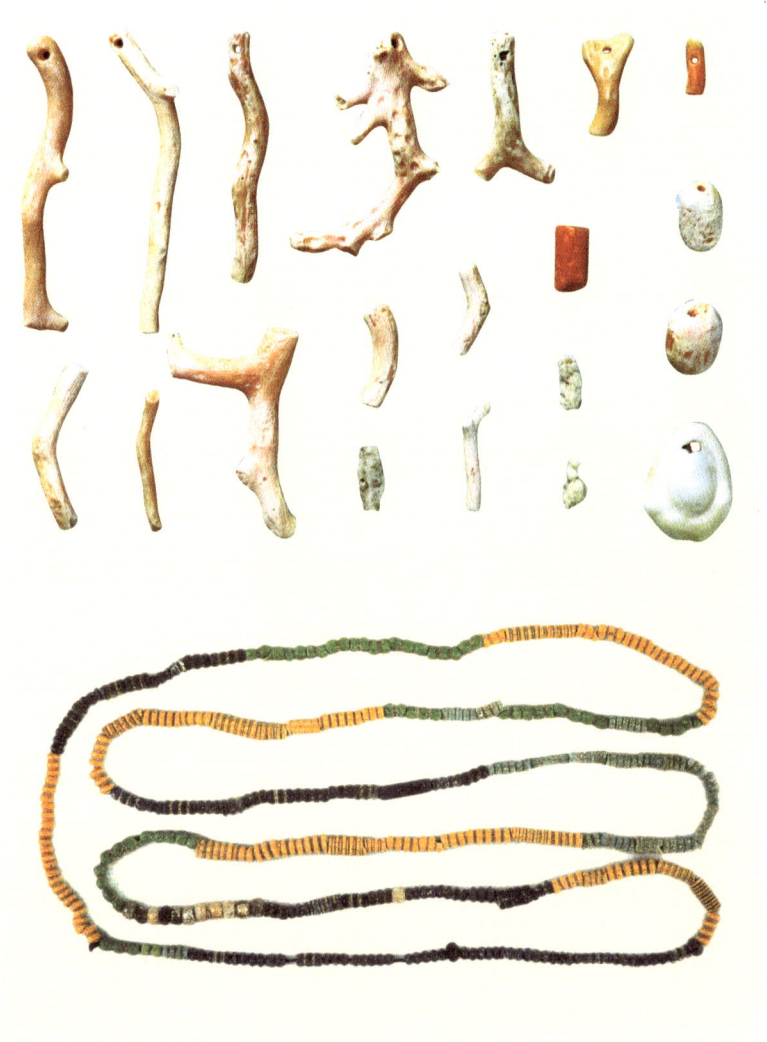

○ 精绝人的珊瑚珠饰和料珠串

作不同时段内的官署的代表。这里，以调查工作进行稍细的N3、进行过一点发掘的N5为例，略加说明。

N3位于佛塔以南不到3公里处。斯坦因初涉尼雅就曾为它的规模所吸引。这里出土的雕刻犍陀罗艺术图案的木椅及带有彩色几何形图案的毛织物，还有储藏室中的矛、弓、盾类武器装备及鞍具等，给人留下深刻印象。

我们仔细观察，遗址位于一处高达3米的土台地上，是一区占地面积2300平方米的"豪宅"。宅邸西南部，有大片倒仆在地的巨大杨树，其间有一片果木园，记录着当年曾经有过的绿色阴凉、甜甜果香。北部斜坡上，是纵横叠置在一起的梁、柱等建筑部件，可以辨析的12间房屋总面积达1400平方米。屋室大小不一，功能殊异。带檐式前院、客厅、卧室、回廊、储藏室、厨房等布局清晰，最大的一间主厅，面积有86平方米，一般房间也有30平方米左右。主厅内有取暖火塘，墙壁上有红、黑两色彩绘涡卷形花纹。宅邸四周篱墙环绕，东、南篱墙外，见畜厩三处，畜粪厚积。

N5坐落于一处半岛状河湾台地上。台地总面积达5000平方米，尼雅河自南转东，由台地北部向西流去。东、南两边为长达100余米、宽10多米的人工林带。在河流环绕、绿树掩映的台地上，斯坦因曾清理过一区面积约200平方米的建筑，出土过"泰始五年十月戊午朔廿日丁丑敦煌太守都……"等汉文晋简，说明这里曾是可以接受敦煌太守行文的官署。除了这区建筑外，院内还有一个储冰的冰窖、一座5米见方的小型佛寺。冰窖是4×3.25米的方形沙穴，四边

○ N5大型遗址区内见佛寺遗迹，出土过木雕伎乐

有枋木支撑，其间用横木加固，最深可达8米。冬天存入冰块，上覆
树叶、枯草，窖穴口部严盖木板，阻绝空气对流，冰块可以不化。
干热的夏日沙漠生活中，这股冬日的冰凉，真可算是神仙般的享受。
今天和田地区农村小集上土造的冰激凌，所用的还披挂着树叶的冰
块，就来自于这类冰窖之中。精绝储冰工艺，传承至今，已达1500
年以上。在台地南侧，被斯坦因视为园林的地带，我们进行发掘，
实际是一处在林树掩覆下的佛寺建筑，面积达300平方米，出土过木
雕伎乐像。这区建筑值得注意的还有部分地段不用墙体，而用小木
条互相搂卯，构造出35厘米高的几何形栏杆，面向尼雅河。四围沙
漠起伏，安坐在栏杆上，面向缓缓流淌的河水，别有一番意趣，非

○ N5，官署旁侧之佛寺遗址内木雕乐伎出土现场

○ N2遗址局部，19处建筑遗存环绕成圆形，发人遐思

常人可以享受。官署与佛寺坐落在一起，从另一个方面表现了政权与宗教的紧密联系。

属于社会最底层的平民，居室往往只是10平方米左右的一间小屋，与畜厩比邻。其间只隔一道薄薄的红柳墙。

不少居室内，土炕仍存。土炕或长方形，紧靠内墙；或贴房屋三边墙面铺展，成为"凹"字形。一般宽1.5—2米，高50厘米上下。这种土炕是精绝人白天待客、晚间睡眠的合适处所。在土炕上铺上布、毯，摆上食品，也可作为餐桌。这一起居习惯，在塔里木盆地南缘绿洲农村，一直延续至今。

《汉书·西域传》有关精绝的记录中，明确讲王国有"城"；出土的佉卢文文书中也不止一次提到"城"的存在。自1901年至1930

年，斯坦因在这里工作四次，始终未能觅得"城"的踪影。我们在N2遗址群的东侧，发现过一道长达数十米的土城垣的残迹，但城的规模已难寻觅。1996年10月，在遗址南部一片沙丘、胡杨树丛中，找到一座粗测周长约530米的椭圆形土城，但它的功能，与一般政治、经济中心也不同。

这座土城发人深思：一是地理位置十分隐秘，周围全是大型胡杨和沙包，即使人们走近土城，也很难发现它的存在。它不仅不是交通方便的中心，而且是人迹难至之处。二是土城内一片空旷，没有一间房屋，只见几棵两人勉强能合抱的胡杨和几丘沙堆，说明即使在建城当年，它也没有成为交通、经济、政治中心，而只是一处并不住人的空城。三是城门有被焚烧过的痕迹。这一现象初看让人费解，结合佉卢文文书，却可以了解古代精绝王国在军事防卫中一

○ 毁于大火的尼雅城南门

种比较特殊的手段。

斯坦因编定的第272号佉卢文文书,是精绝国王给陀阇迦的命令,要他"务必日夜关心国事","若扜弥和于阗有什么消息"要及时禀报。"去年,汝因来自苏毗人的严重威胁,曾将州邦之百姓安置于城内,现在苏毗人已全部撤离,以前彼等居住在何处,现仍应住在何处……"原来,土城是在外敌入侵时,才作为居民应急避祸的处所。外敌撤离,居民就要各回各家,不必再在城内停留了。这样的城,自然不能放在通衢大道处,而只能安排在胡杨密布、沙包丛丛的隐秘之地了。这种供临时避难用的土城,在新疆以西的中亚大地也曾有所见。这一发现,可以帮助解开笼罩在所见精绝空城上面的迷雾。但从城门被焚的遭遇看,这一土城并没有帮助精绝居民躲过危难,入侵者还是找到了他们的藏身之所,并用一把大火,把城门烧个精光,避难者自然也会面对新的苦难了。

汉文、佉卢文中的精绝社会

精绝国小民寡,没有自己的文字。为了适应西汉以后丝绸之路交通、内部管理的需要,先是采用汉文,东汉以后在汉文以外又使用了佉卢文作为官方文字。这一变化的原因和过程,是国内外历史学界关心的问题,只是至今没有一个得到大家认同的结论。通过尼雅遗址内已经出土的汉文简牍、佉卢文木简、羊皮文书,我们可以更深一点了解精绝王国内部的政治、经济、文化、宗教生活的细节。

在尼雅考古中，已获汉文木简近百枚。1901年至1906年，斯坦因前两次进入尼雅，得汉文木简62支；1931年他第四次进入尼雅,再获汉文简牍26枚。我们在尼雅考古调查发掘中，得到汉文木简10枚。据此，尼雅出土汉文木简，总计达98枚。比较河西走廊、居延堡塞动辄就是成百上千枚汉简出土，这一数字不能算多，但尼雅遗址出土的汉文木简对我们透视精绝王国接受、使用汉文字的状况，还是可以说明不少问题的。

西汉王朝设置"西域都护"后，对西域大地实施的政策，一是屯田，二是督察相关城邦动静，"有变以闻，可安辑，安辑之；可击，击之"。精绝，自西汉至王莽新朝，始终在汉王朝"安辑"大旗下前行。"安辑"的前提是必须沟通，于是精绝王廷学习、使用汉文，成了当年的一件首要大事。

西汉王朝为此曾向精绝王国派出教习教授汉文。这件事，虽从未见于相关文献记录，却是一个可以推定的结论。这样说的直接证据，见于1993年在尼雅考古调查中发现的《苍颉篇》汉简残文。

该木简出土在尼雅第14号遗址（N14），即精绝后期王宫故址内，由随考古队工作的人员采获。墨迹如新、书体精妙的汉隶文字"溪谷阪险丘陵故旧长缓肆延涣……"仍给人以强烈的震撼。

《苍颉篇》是秦汉王朝时期全国通用的文化课本，通篇四言，朗朗上口，又利于记忆。20世纪初，在额尔济纳河居延堡塞，河西走廊的汉代戍堡、烽燧遗址中，曾经发现过不少这类作为戍边士卒识字课本的《苍颉篇》。虽都只是断简残章，但可见普及面甚广。如今，在塔克拉玛干沙漠深处的尼雅精绝王廷，也见到了《苍颉篇》，可以说明当年的精绝王室成员，也在使用这一全国通用的小学字书，进行汉文字及中原文化的学习。

说精绝王室成员学习、使用汉文，并不只是一般的逻辑推论。同样出土在N14遗址表现精绝王室成员间互相应酬、赠礼的8支汉文木签，可以作为这一结论的根据。

这些木签原是附系在礼品盒外面的，一面写赠礼内容，另一面写赠礼、受礼者姓名，过手者一目了然。这是汉代中原地区礼尚往来时的一种习惯做法。在湖南长沙西汉长沙王室成员刘骄墓中出土的"被绛"木简，书体、用途与尼雅木签完全一样。在尼雅发现的赠礼木签中，受礼者有王、大王、小太子、夫人春君、且末夫人；赠礼者有王母、承德、休乌宋耶、君华、苏且、奉等，多为精绝王室成员或与王室关系密切的人员。从名氏来看，不能排除其中承德、君华、春君等人，可能是来自中原的官员或执行和亲使命来到精绝的宫女，但精绝王、大王、小太子、九健持、休乌宋耶等为精绝人，

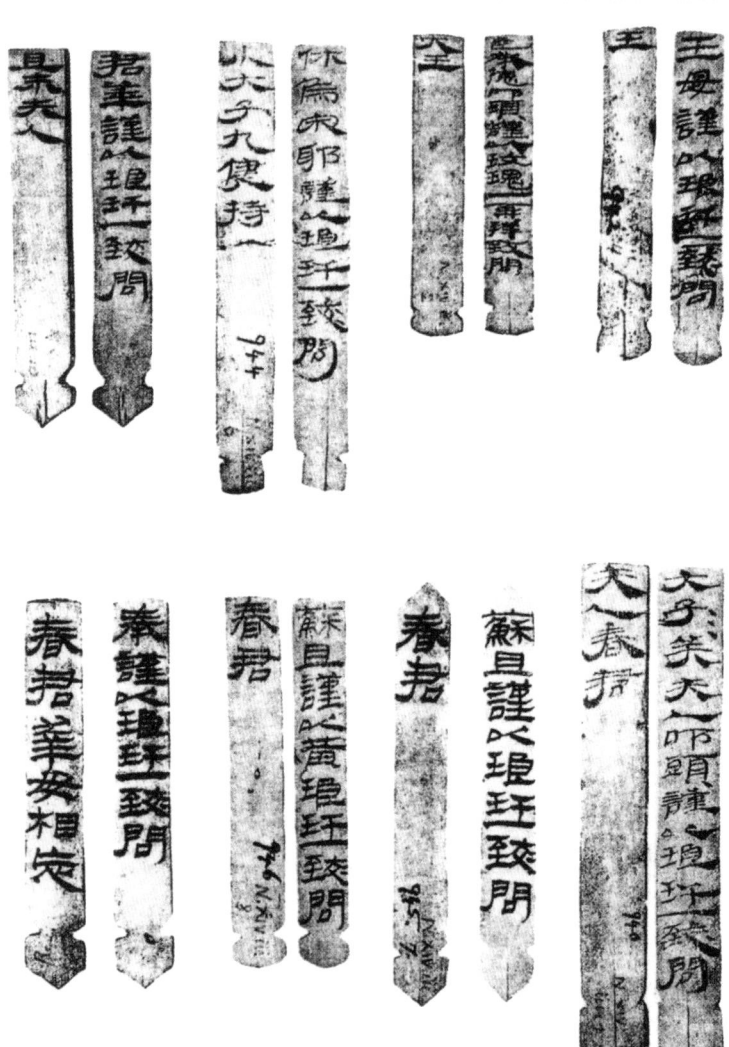

○ 王族赠礼木签

是十分清楚的。他们都以汉文字作为交流联络感情的工具，精绝王室成员已学会并使用汉文，是可以由此推论的。

这批汉文木签的年代，从各种情况分析，放在西汉王朝设置"西域都护"后，直到东汉永平年间（58—75），是比较适宜的。因为这一时段内，精绝王室有效维持着自己的统治地位，虔诚推广中原大地的汉文化，是汉王朝"安辑"政策成功实施的范例。精妙成熟的隶体书法，与这一时代背景也可以统一。

斯坦因在1931年所获的26枚汉简，关涉精绝王室的军政事宜，富含社会历史内容。多件木简与王莽新朝相关。汉朝奉五行学说，认为汉为火德，王莽代汉，土能克火，所以王莽奉土德。木简文字说"……极，而土德起也""……□为先代之后，礼为新客……""新□亭神井，诏用诏汉者，明新室，以新为号，成乾……"，都是与王莽代汉建立新朝相关的舆论。另一些简文，如"汉精绝王承书从□……""大宛王使坐次，左大月氏，及上所……""皇帝赫然斯怒，覆整英旅，命遣武臣，张弓设……"等，这些涉及汉、王莽新朝更迭的大事，及时传达到了精绝。

公元3世纪中的魏晋时期，西域长史府敦煌太守等对精绝地方行文，仍然还是使用汉文。如"西域长史营写鸿胪书到如书罗捕言会十一月廿日如诏书律令""晋守侍中大都尉奉晋大侯亲晋鄯善、焉耆、龟兹、疏勒、于阗王写下诏书到……""泰始五年十月戊午朔廿日丁丑敦煌太守都……"，这些木简句义虽不完整，但均涉及重要公务，如传达晋王朝诏令、逻捕通缉罪犯等。其他大量木简，如"月支国胡支柱年卅九中人黑色□""□男生年廿五车牛二乘黄□牛二头""异年五十六一名奴髭须仓白色着布袴褶履……",它们是通过"丝绸之路"时必不可少的身份证件——"过所"。防卫、戍守人员如果不谙汉文,自然也无法履行正常业务。

这些汉文简牍,表明至少在晋泰始五年（269）以前,中原王朝还有效维持着对精绝大地的监管,汉字也还是这片土地上官方使用的主要文字,政务运作离不开汉字。

东汉以后,一个明显的变化是佉卢文也进入了精绝大地,成为精绝土地上主要文字之一。所谓"佉卢文",是属于阿拉米文支系的一种文字符号,名称源自印度语,在梵文中称为"kharostha",意为"驴唇"。传说这是一位富有智慧的神仙的名字,正是他发明创造了佉卢文字。佉卢文古代曾通行于印度西北部、巴基斯坦、阿富汗、乌兹别克斯坦、塔吉克斯坦及我国境内于阗及都善王国一带,记录着各地并不完全相同的俗语方言。各地使用佉卢文的年代早晚不同、长短有别。公元前1世纪至公元3世纪,大月氏人所建立的贵霜王朝,一度成为中亚地区强大的政治势力,其官方文字就是佉卢文。

关于佉卢文如何、何时进入塔里木盆地,并一度成为精绝王国继汉文以后使用的主要文字,学术界至今没有取得一致的认识。但有一点是共同的,这就是,古代新疆昆仑山北麓一线一度曾使用佉卢文,应该与贵霜王朝有关。具体说,主要是两大观点:一种观点认为,它是贵霜王朝在东汉（公元2世纪）时一度统治过塔里木盆地南缘的表现;另一种观点则认为,公元3世纪时,贵霜王国遭遇外敌入侵，王国趋于瓦解。这一变乱之中，可能有人数不少的贵霜难民进入新疆。他们文化素养高，对精绝的文字产生了较大的影响。参考共存的文献、考古资料，这一观点更具说服力。此外，佛教传入和商业贸易也是一些相关的因素。如和田地区出土的佛学典籍《法句经》，用的就是佉卢文，古于阗王国钱币曾汉文、佉卢文并铭等，都可以作为例证。

在从和田到罗布淖尔湖畔的楼兰古城一线，20世纪时，陆续发现过一些佉卢文资料。但主要见于尼雅精绝废墟之中。据不完全统计，迄今为止，在尼雅发现的佉卢文已有1091件，其中除25件书写于羊皮上，绝大部分书写于木简、木牍上。木牍有多种形式，主要为楔形、矩形，也有些作条形、椭圆形，形式差异，主要因用途有别。如国王的敕谕都用楔形，买卖契券、信函都用矩形，其他形式则是记账及杂用。木牍，多为封、底两块牍板对合使用，就如今天的信封、信纸。办法是将书写内容从底牍正面右上角写起，向左横行，如底板正面写不完，就接写在封牍的底面。书写完成，将封、底牍板叠合，用三道细绳绕过牍板绳槽捆绑结实，绳扣置于封牍正面中部方形封泥槽中。填塞封泥，最后在封泥上加盖印记。封泥右边写收件人姓名，左边写"奉达"二字。收件人必须先拆掉封泥，才能解开结绳，打开木牍阅读到相关文字。这种木牍形式，模仿自汉王朝简牍制度。

尼雅佉卢文木牍出土时，不少尚未开封。封泥印文受到人们特别关注。印文图案有希腊雅典娜神像，有花瓣纹图形。特别引起史

○ 楔形佉卢文简牍，曾是传达国王敕谕的载体

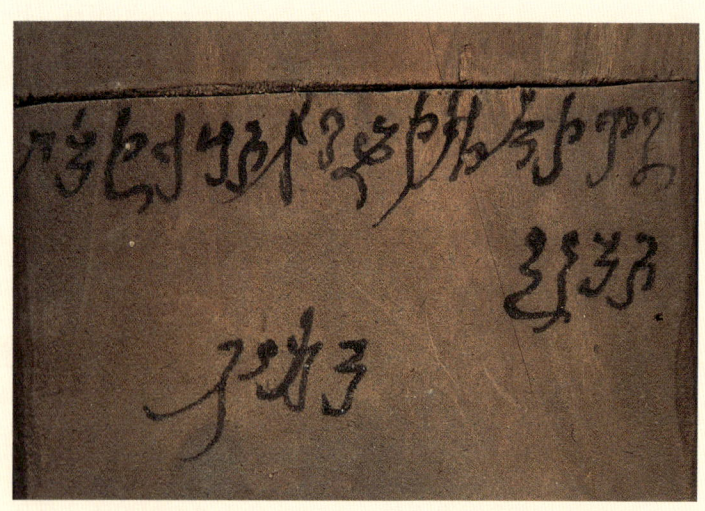

○ 佉卢文

○ "鄯善郡印"封泥图

学界关注的是在三件木牍封泥上，见到了汉文"鄯善郡尉"（也有释读为"鄯善都尉"）篆体印记。希腊神像的印记，保留着贵霜文化的影响，与使用佉卢文是同一个文化背景；而"鄯善郡尉"篆文泥印，则显然是来自中原王朝的一方官印。这一现象成了人们破译佉卢文在尼雅流行年代的重要线索。遍索文献，就如前面提过的"司禾府印"一样，在汉文史籍中，并没有直接、明确的设置"鄯善郡尉"的记录，但东汉至晋，精绝在鄯善王国属下，则是史有明文的。

关于佉卢文通行在尼雅大地上的时间，也有多种观点。说佉卢文主要流行在东汉晚期以后，主要在公元3世纪至4世纪中，是各家均可认同的观点。从这个前提出发，我们可以根据佉卢文的断简残编，爬梳这一时段在精绝大地上展开过的历史画卷。

解读形形色色的尼雅佉卢文文书，可以看到魏晋时期尼雅作为

○ 留存在炕沿，未及开拆的佉卢文木牍，说明主人撤离时极度匆忙

鄯善王国主宰下的土地，有过陀阇迦王、贝比耶王、安归迦王、马希利王、伐色摩耶王（就是前凉张骏在位时的元孟）等的敕谕，其中安归迦在位至少有36年，马希利在位至少有28年，他们在精绝大地历史上留下过重要影响。

在鄯善统治精绝大地时，精绝是其属下的一个州。州下一级行政建制称"阿瓦纳"。统计佉卢文文书中出现过的阿瓦纳有毗陀、叶吠、特罗、纳缚、阿迟耶摩、凡图、帕耆那、夷龙提那。由它们分治精绝弹丸之地，所辖地域实在是不大的。但在阿瓦纳下面还设置了部、百户、管区。而且，辖地内除一般居民外，还有国王直接赐给贵族的领地、庄园、牧场。不大的一小片土地，竟划分得如此复杂，它背后的真实情况令人充满疑问。管理此地的官员有州长、督军、税监、曹长、司土、祭司、判长、书吏等。州长是这片土地上的最高行政长官。督军负责军事，下有探长、骑都、哨长、骑兵、哨兵。税监下面，可以见到的相关人员有司税、税吏、司谷、谷吏。一件文书中提及的"司税"，另一件文书中又作"牧羊人"，究竟是同名不同人，还是"司税"身份职位并不高，就由一个"牧羊人"在兼管着，也是我们今天未能确解的问题。曹长，司理行政，下面有百户长、甲长、十户长，直至户主。司土，似主农业。祭司，管理宗教。判长，审理案件，但不少案件又有州长、国王在直接插手。书吏，自然是与文书、记录类相关的职位了。弹丸之地，臃肿的管理层，压在当年精绝子民们头上的负担，实在难以低估。

粗析佉卢文文书，其中比较重要的是王室敕谕。《沙海古卷》转化为汉文的700多件文书中，有268件就是王室向精绝各层官员下达的谕旨，关乎精绝大地最重要的社会问题。其中主要部分，涉及社会各方面的财产纠纷。土地、牲畜、重要生活资料私有，多寡不均，矛盾层出不穷。强占他人土地、葡萄园，耕地抵押、买卖，人口奴婢买卖，收养子嗣没有付酬金，财物被偷盗，抢驴争马，士卒偷宰他人牛吃，雇人放牧不支付工酬，在婚娶中的财产纠葛，放水冲了仇家的耕地，借钱要一还二，农民不堪重负而逃亡，等等，内容五花八门，但万变不离其宗，中心就是对私有财产的认真保护，对既有社会秩序的全力维持。

努力维护现存秩序，王室的政治、经济利益自然是首要的一环。

下达给精绝地方的敕谕中，催缴税物是一大项，涉及物资有酒、酥油、新收割之谷物、骆驼、绵羊、毛毯、茜草等等。有的欠税四年不缴，甚至私自吞没。一些地方"缴纳的甚至不及该税的四分之一"，这让王廷难以容忍。现藏新疆考古研究所的一件佉卢文简牍，下达的命令是"谁拖欠葡萄税，谁就要为此缴纳骆驼15头"，"务必从速缴纳，绝不允许拖欠"。又有一件文书严申"一共拖欠了六年的税，必须把这六年的欠税还清"。还有"丁男拒不赋役"，逃避为王廷放牧官驼的劳役，对王室畜群照应管理不力，或身为王室厩吏，却"靠王室牝马谋利"，"用王室饲料喂（个人的）马"，不努力履行其他劳役等。敕令严词的后面，清楚地透露着统治的危机。

尼雅出土之佉卢文简牍中，保留了一件在保护个人财产时，涉及环境保护的法律文书。它是王廷下达给州长的训令，说是"沙卡向本廷起诉：牟利那已接受彼之领地上的土地。但是百户长和甲长强占该地，不让彼耕作"，并"将该土地上的树砍伐并出售。砍伐和出售别人的私有之物，殊不合法……应制止百户长和甲长，绝不能砍伐沙卡的树木。原有法律规定，活着的树木禁止砍伐，砍伐者罚马一匹。若砍伐树权，则应罚母牛一头。依法做出判决"。这一命令，严格维护了个人财产不可侵犯，并涉及对树木的保护。在沙尘肆虐，威胁着绿洲家园生存安全时，保护树木，更是高于个人财产的大事。即使是私人土地上的活树，个人也是无权随意处置的。砍树伐枝，就会增加沙尘的威胁，因而处理得十分严厉。在同一时段的佉卢文文书中说，买一名女奴，只要三岁口的牝马一匹。砍树伐枝，就要罚牛一头或马一匹。从这一点可以见出，谁要砍树，就得承担重大的经济责任。面对城邦存亡兴废的大事，运用法律手段维护总体利益，这是十分积极的精神。在距今1600年前，西域大地上的祖先已有如此的见识，是沙漠环境逼迫使然，也是我们今天可以继承发扬的积极的文化精神。

丝绸之路与精绝

精绝，这座沙漠深处的小城邦，之所以凸显于两汉魏晋之世，受到东西各方关注，根本原因就在于它地处丝绸之路南道要冲。《后汉书·西域传》在叙述当年丝绸之路的景况时，曾满怀激情地称："立屯田于膏腴之野，列邮置于要害之路。驰命走驿，不绝于时月；商胡贩客，日款于塞下。"在这派繁荣景象背后，就有精绝子民们的奉献、辛劳。

从相关遗迹、遗物看，丝绸之路通达后的精绝，物质生活方面的变化十分明显。

在张骞衔命西使，凿通"丝路"，缘昆仑山北麓返回长安的途程中，是走过昆仑山下尼雅河谷绿洲的。在他的观察中，这小小绿洲，不过就是《汉书》中说过的区区数百户人家。不大的旱作农业，可数的羊、牛、马、骆驼，伴着平顶小木屋中袅袅升起的炊烟，守着家园边几小块土地，日出而作、日落而息，一年又一年感受着尼雅河水的夏涨秋落。他们难以了解在尼雅河谷以外还另有一个五光十色、极为广大的世界。

　　吮吸到东西方文明的营养后，精绝土地一天天显现出新的面貌。平实无华的木屋梁柱，出现了雕刻花卉图案的"坐斗"；普通土炕边，有了可以高坐的木椅；黄河流域巧手们织就的各种色彩斑斓的锦、轻薄柔软的绸，成了精绝王室贵族们的内衣、长袍；光可鉴人、图象清晰的铜镜，喜人的漆器，过去难以想象的瑰宝，如今成了日常生活用器。从来不知文字为何物的精绝土地上，有了汉文、佉卢文、内外联系、信息交流一下子变得远较既往清楚、准确；平日进食用小刀和手，现在知道了木筷。调味的胡椒、生姜，使肉类更加美味。蜻蜓眼般的料珠，被精绝人赋予了非凡的力量，成为命运攸

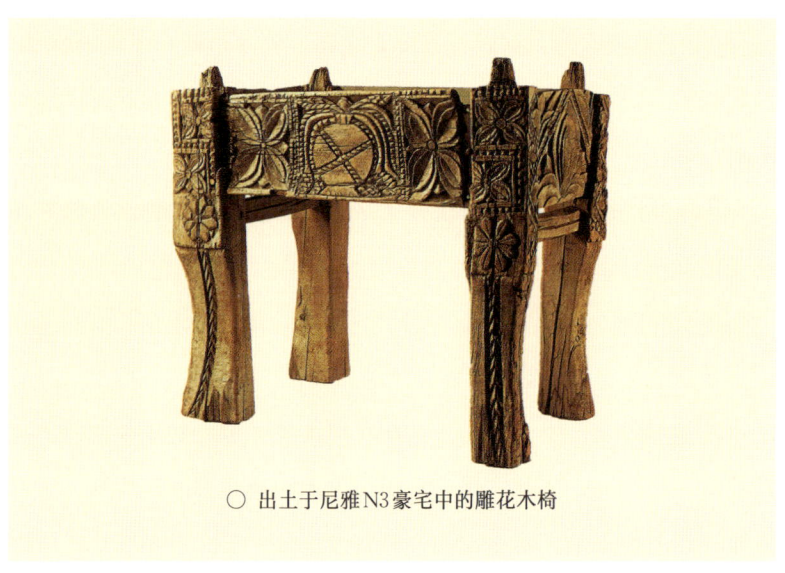

○ 出土于尼雅N3豪宅中的雕花木椅

○ 贴身安放（箭头处为珠之局部），不求外示于人。精绝王贴身的蜻蜓眼玻璃珠，在精绝王廷出土之汉简中，被称为"琅玕"。自战国以来2000多年中，人们一直不解"琅玕"为何物，原来只不过是玻璃珠。但具眼形图像的玻璃珠，被称为"琅玕"，随即就被赋予了可以辟邪、驱魔的文化内核，身价陡增，成了世俗权贵们不吝千金以求的神物。这是又一个值得人们深层思考的精神文化现象

关的护身符。还有珊瑚珠、珍珠、贝珠，更是从未见识的奇珍异宝。物质生活变化速度之迅捷，超乎精绝人的想象。

与这些远来的新奇生活资料比较，更深刻的变化是通过屯田知道更合理地安排水渠，懂得驾牛犁地，栽桑、养蚕、冶炼金属的技术也向前迈出了一大步。

这些变化都与联络东西方世界的丝绸之路密切相关。自然，为维持丝绸之路正常运行，精绝人也做出了奉献。佉卢文资料中留有魏晋时期鄯善王国关于驿路向导、运力安排的文字，使我们对丝绸之路南道实际运行情况增加了认识。

在斯坦因编号14的佉卢文木牍中，保留着鄯善王给精绝州长的命令。内容是护送一使者由且末经过安迪尔过尼壤抵达于阗（今和田），要求各地派员程程护送及支付相关人员之薪酬。处置之周密，环环相扣，绝不容许出现半点差错。

使节出行，各地要提供畜力和向导，使节出行的给养，牲畜之草料供应要据具体对象不同，区别对待。使者的口粮及薪俸，按惯例则由各州支付。

进入沙漠如同入海，四顾茫茫，方向难辨；向导就如舵手、罗盘，他们的带路水平与经验多寡十分重要。因此，一些重要的使节会要求特定向导带路。第22号佉卢文文书，鄯善王指令精绝州长"林苏……都陀和全护将出使于阗。向导卢达罗耶应亲自带路，不得延误……"卢达罗耶向导大概经验丰富，对自精绝至于阗的沙漠路线把握得比较清楚，所以受到这一"宠遇"。

○ 精绝废墟南部是胡杨和红柳沙包的世界

作为丝绸之路的向导，受到"宠遇"自然让人欣羡，但它毕竟是一种有风险受艰难的苦役，所以不少人视它为畏途。

一个家住精绝毗陀、名叫黎贝的人曾上书王廷，说他家"世代骑都而非向导"，现在却总让他作为向导应差，实有不公，上书王廷后，竟就得到垂顾，指示精绝州长"应根据法律不得派此位黎贝当向导"。

还有一个名叫怖军的人，虽承担着向导工作，却想要摆脱这一工作，在他给王廷的上书中，说自己"世代非向导，全然不知于阗之马程"，却又被"派当向导"，因而提出"不应当作向导"的要求。

向导在丝绸之路上有如此重大的责任，却好像未得到应有的报酬和地位，以致有人视作畏途。

行文至此，还可以附带说一个人们关心的问题。丝绸之路究竟怎么走，是在沙漠中直穿，还是从山前拐进沙漠作"S"形行进？从前文介绍的情况看，由且末、安迪尔、精绝至扜弥、于阗，一路需用骆驼和向导，可以推定这条路线确是借由骆驼，横穿沙漠而行的。具体路线不同于今天从山前绿洲行进。但是，与这条重要通路并存，好像还有一条可以骑马而行的路线。第223号佉卢文木牍记录了鄯善王给精绝州御牧达罗耶下达的命令：僧吉罗将出使于阗，本来决定由精绝御牧"供给一匹专用马"，却未提供。僧吉罗只得出钱租了一匹马，租金要由精绝御牧提供。命令语气坚决："租金，应交给罗尔苏，立即送来，不如此，要依法处理。"这件文书值得注意之处，是用马代步赴于阗。马，不能穿越沙漠。骑马走于阗，清楚地表明还有一条骑马可通的路线。这样的路，最大的可能是在昆仑山前冲积扇的边缘。这里虽有戈壁砾石，但沿途不缺绿树、草被，骑马行进是并不困难的。

检索佉卢文资料，有两件文书提及两对情侣，都曾从精绝纵穿沙漠去了天山脚下的龟兹，多年后又在王室的同意下返回精绝，并受到照顾。这里，除表现出为了追求爱情婚姻而不怕危难穿越沙漠的精神，与丝绸之路亦有关，表明当年纵穿沙漠、来去塔里木盆地南北，确也存在纵穿的路线。公元四五世纪之交时，法显西行，在西域旅程中，曾有自天山南麓纵穿沙漠进抵昆仑山下的壮举。佉卢文资料启示我们，不要疏忽了当年丝绸之路交通中南北行走支线的存在。

自丝绸之路凿通，作为汉王朝通向外部世界的主要路线，其运输的安全性是不言而喻的。为此，除屯田、邮置，向导、给养保证等技术问题外，还有政治层面的一套措施。主要是每个旅行者必须持有"过所"——经过审查后下发的身份证明。在尼雅出土不多的汉文简牍，其中主要内容就是有关"过所"。这方面，除了前面提到过的"月支国胡"等三件"过所"外，还有如"过所行治生""三月一日骑马诣元城收债，期行当还，不克期日，私行无过□""□州，中人，黑色，大目，有髭须""月支国胡□""□右一人，属典客，寄□纤钱佛屠中，自赍敦煌太守往还过""丑，年十四，短小，同着布袴褶挟"等等。这些经过审查，准予通行的"过所"，标明了持"过所"人的身份、姓名、年龄、身材、皮肤颜色、须发特征、穿着衣服、携带物品等基本项目，在没有照相技术的情况下，尽最大可能写明旅行者的主要特征，以备沿途保卫人员审查。

从这些"过所"看，来自葱岭以西的人员、贵霜王国的大月氏人占有重要地位。较一般商旅更为重要的是相关王国的使臣，他们途经丝绸之路，会受到比较隆重的接待，宴会、接见，均在情理之

○ "大宛王使坐次"
木简图

中。在斯坦因1931年发现的汉简中，有一支残简文字为"大宛王使坐次左大月氏。及上所▢▢"，"覆愿得汉使者并比，故及言两▢▢▢"。简文并不完整，但可以看出是与接待大宛王使、大月氏使的座次安排相关。座次，关系到地位轻重、身份高低，所以由汉王朝接待部门决定，下达给精绝王室，这支简文出土在王廷所在的N14号遗址中。

交通道路以"丝绸之路"为名，显示丝绸在这条通路上是流动的主要物资。第35号佉卢文木牍是鄯善王对精绝州的指示，其中说："现在没有商贾自汉地来，可不必清查丝债，待自汉地来的商贾抵达时，务必清查丝债。"可以看到中原商人在精绝经营丝绸，只是定期收取货款。第660号木牍，列出自抒弥归来后"交付黄丝绸两匹""红丝绸一匹""朱红色丝绸一匹""彩色丝绸一匹"等，共列丝绸织物19匹，从中可见丝绸贸易之一斑。

第80号木牍列有许多人名，其中有"汉人甘支"。第686号木牍中有"牛跑到乌实特之汉人处""××之牛跑到尼壤汉人处"，仅这块籍账简牍涉及牛到汉人处的记录，就有5起。这些汉人，都有固定住处，是随时可以找得到的精绝大地上的居民，又总与牛联系在一道，最大的可能当是与屯田、农业有关，来自中原大地的农民。

从精绝出土的"司禾府印"，以及这些与牛相关的定居汉人处，清楚透露了一点历史信息：在汉晋时期的精绝绿洲上，确迁入过少量的汉族居民，与精绝人一道在为丝绸之路畅通、绿洲建设奉献汗水和力量。

精绝人的精神世界

精绝故址的主人们，虔信过萨满女巫，汉代以后却逐渐皈依了佛门；他们事死如生，相信死后还有另一个生活的世界；在生产发展、财富不均、偷盗、抢夺不断滋生的形势下，他们还是遵从着传统的神前誓言，以之作为判定是非真伪的根据；当传统婚姻面对追求爱情的挑战时，他们也能容忍这一美好感情对传统秩序的叛逆；严酷的沙漠使他们喜好装饰植物、花卉；他们接受过犍陀罗艺术的形式，为己所用，不论建筑的总体布局，还是零星的装饰细节，从不注意讲什么对称、平衡。

汉代以前，主宰精绝人灵魂世界的是原始的巫术。从现在精绝故址近旁的大玛扎等地传统风习分析，萨满崇拜曾是当年主要的巫术形式。当我们进入大玛扎所在的丛林时，树枝上满挂的全是寄托祭祀者愿望的各色布条，墓地前摆布的羊头、牛角、装满干草的羊皮囊，气氛虔诚而又肃穆、阴森。凡此种种，浓烈地散发着古老的萨满崇拜的气味。一切宗教，内在的精神是相通的。传统的巫、神，自然也可以附着在后来的伊斯兰崇拜之中。任何一种传统的信仰，植根在人们心灵深处后，力量是异常强大的；外在的物质力量可以改变它的生存形式，却不可能完全扫除它的灵魂。精神的力量只可能为另一种更高级的精神力量所代替。

出土的佉卢文文书，表明精绝人历来信巫，女巫是主要的通天使者。

有一次小河截流，人们用了一头牛祭献天神。一头牛的价格，近同于一个奴隶的身价，相当高昂了。但这次祭献并没有满足女巫的要求，说"天神托梦，不接受这头牛，而要乌宾陀牛栏中另一头两岁牛，而且祭献必须在牟特格耶之庄园进行"。女巫的要求背后，明显有着现实人世的经济利益追求。

这让人联想起公元1世纪，班超率36名勇士在昆仑山下纵横驰骋，在进入与精绝近邻的于阗王国时发生的一件事。传统的亲匈奴势力借女巫之口，公然阻挠、破坏班超的使命，说什么："神怒，何故欲向汉？"这口气，完全是对于阗王的挑战，并教唆于阗王："汉使有骢马，急取以祠我！"要借所谓巫神的意旨，杀班超的威风，迫于阗王就范。班超自然不信这一套，顺水推舟说：要我的坐骑祭神，就让巫自己来取。而在巫婆有恃无恐前来取马时，就被不信邪的班超一刀砍了脑袋。汉王朝的影响、班超的无畏，镇压了亲附匈奴的势力，也镇住了巫的煽惑，扭转了于阗的政局。这件在汉代史籍中大书过一笔的故实，深刻地说明在佛教进入于阗等地区以前，或在已接纳了佛教的初期，这片地区巫教势力是十分强大的，强大到可以直接干预国家的政治生活。精绝与于阗邻接，在民间信仰这一环节上，他们是难有什么差异的。

从佉卢文文书中可以清楚地看到：东汉以后，巫在精绝大地也正遭遇着严酷的压力。这里滚动着的是灭巫、杀巫的浪潮。一件下

○ 精绝绿洲南部大玛扎丛林中悬挂的彩色布条，凝集着亲人的祈愿，是古代巫教的孑遗

达国王敕令的羊皮文书宣告："应处罚并严禁女巫"，禁止巫教作为王国的政策颁行。一名妇女被当作女巫处死，但并没有留下可信的供词。鄯善王要求查实，如果此女并非女巫，行事者必须赔偿她的身价，交出从她那里"所获财物及私有之物"。一个叫黎贝耶的人申诉，有人在禁巫的名义下，带走"三名巫婆"，但只杀了属于他的女人，"其余均被释放"，因此他要求赔偿自己蒙受的损失。这些案例，显示禁巫政策执行得坚决果断，也透示着在禁巫旗帜掩盖下发生的另一种迫害妇女、劫夺财物的罪恶与暴力。

在精绝大地上一度展开的禁巫、杀巫浪潮，是缘于巫与传统势力结合抗拒汉王朝政权，从而导致班超发动镇巫活动，还是因为佛教进入后逐渐取得正统的地位，终而诱发了对异己势力的排斥？目前还难有一个准确的判定。

现存精绝故址中心的佛塔，N5遗址区内发掘的小型佛寺，N23、N24遗迹群中的佛坛遗迹，结合佉卢文文书中大量有关僧侣活动的记录，可以得出准确无误的结论：东汉以后，佛教已成为精绝居民心灵深处崇尚的信仰，佛教与政权结合，在这片土地上发挥着日益强大的影响。

一区最大的佛教寺院高高的佛塔，至今仍耸立在精绝王国境域的最中心部位，成为遗址的标志性建筑。佛塔至今仍高7米多。下部为三层方形塔基，其上为圆钵形塔顶。底基边长5.6米，向上逐渐收缩；内部有一个较小的祭坛，成为土塔的核心。建筑材料用土坯及混合了韧草纤维的黏土，土坯逐层错列，最外面敷一层掺杂了草屑的黏土。事实证明，这一相当精致的建筑工艺，有效地抵御了厉风的侵蚀。今天进入尼雅遗址的人们，在很远的距离外就可以看到它屹立的身姿。

在佛塔身后，有目前高达10多米的三座巨型红柳沙包。在沙包一角，可以看到露出端顶的一根横梁；沙包北缘，挺立着几棵干枯了的桑树枝干；沙包东南，可以觅见断续延伸的红柳围篱。种种迹象表明，在佛塔身后的巨型红柳沙包中，还埋藏着当年佛寺的遗迹。

前面提到过的N5，位于一片环境特别优美的环水半岛台地上。这区建筑中，发掘出一座5米见方的小型佛寺。小寺周边列柱上有莲苞形柱头。围绕佛坛环行礼拜，周壁可见容貌慈祥的绘画佛像。同一遗址区内另一处大型建筑中，出土了4尊木雕乐伎，佉卢文中屡屡

○ 坐落在废墟中部的标志性建筑——尼雅佛塔

提到在精绝社会中扮演着积极角色的僧人、沙门，清楚地提示我们：东汉以后，在精绝社会生活中，佛教已有着不一般的地位。

斯坦因所获第511号佉卢文木牍，以最直白、近似广告式的语言，号召佛教信徒对佛像要虔诚供奉，供油以敷抹佛身，为佛干洗，从事浴佛活动；宣称如果这样做，会使信徒"目洁眼明、肌肤洁白细嫩、容貌美观"，"不长脓肿、不生疙瘩、不长结癞疥癣"，"变得目大眼亮，精神焕发"；"皆能消除恶念和罪孽"，"进入如来佛国之界土而解脱生死轮回"。

高僧，在王国境内政治地位颇高。可参与政事，作为使节出使于阗。

根据已获佉卢文文书，精绝奉行的是佛教大乘派。僧界有法定

○ N5小型佛寺北壁佛像出土情况

规章，沙门服从长老。长老主持寺院，管理僧界活动，违规要受到惩罚。寺有寺产，僧人可以向俗界买地、购葡萄园，取得耕播及自由转让的权利。僧人也可以在需要时向人借谷物、酒，还可以蓄奴。一僧人之奴名菩达瞿沙，偷盗了丝绢、绳索、毡衣、绵羊，须由僧人承担责任。后来以僧人交出该奴抵债而了事。在这片土地上，僧人六根未净，已卷入世俗社会矛盾之中，因此不可避免地引发出各种冲突。文书中记录，有人因愤怒，焚烧了沙门的黄色袈裟，也有奴隶遁入空门，但查出后，仍被逮捕，归还了主人。种种迹象表明，佛教已成为精绝社会生活中具有重大影响力、不可轻忽的存在。

私有财产、贫富分化、利益冲突，随时都在引发着种种事端：士兵为求一饱，抢了两头牛，一头立即宰杀填饱了饥肠，一头被迫交还了主人；一名差役非法占有了别人花钱买的民女；有人认领了养子，却不依法付钱；有人违背传统，"用主人私有之物替奴仆抵债"；有人放水淹没了仇家的庄园房舍；有人借人的马匹"无意归还"；有人吃了人家一袋谷物后"逃之夭夭"；有人将他人的奴仆殴打致死；有人耕地被他人强行占领；等等。社会矛盾相当尖锐。在既有秩序还保持权威的情况下，自然都引发了诉讼。面对这类诉讼案件，王廷在调查、审理中，十分重视当事人对神发出的誓言，要求"最大起誓应即进行"，起誓时要有证人在场，"此事应审查所起之誓言"等，说明传统的面对神人的誓言，对变化了的社会中滋生的各种案件的判决，仍有着重大的影响。

保留在佉卢文文书中的民事纠纷，相当部分涉及婚姻。当年精绝社会认可以钱物买女，因而富人可以多妻。娶妻生子，要支付不少的财物，因此导致民间有换女为妻的做法。这类婚姻及相应的财产权，都受到保护。但与此同时，对追求爱情而产生的婚变，社会也能宽容、理解、接受。前面我们曾介绍过陶工沙迦牟韦和善爱为情所驱"私奔龟兹国"的故事；另一个故事中的扎祇莫耶，也是与爱侣逃往了龟兹。从精绝到龟兹，中间隔着近300多公里的大沙漠。从精绝穿越沙漠逃去龟兹，是冒着生命危险的。这两对情人真是展现了"生命诚可贵，爱情价更高"，他们为追求爱情婚姻演绎的故事，大概是大大震动过精绝社会上下的。因而事隔多年后，他们重归故土，王廷还为他们能正常生活，专门发了敕令。这可以见出，在维持传统家庭秩序时，精绝人也有着对这类美丽叛逆行为的宽容，在感情生活世界，可以看到精绝社会中温暖的一角。

编号523的木牍，正面是领酒取牛的账籍，背面留下了四首劝谕世人正确对待生活、劳逸适度、行善扶贫的散文诗行，为我们感受精绝人的文化精神，提供了珍贵的素材：

> 行路人疲乏不堪，随处觅地休息；经过休息，精力也就得到恢复。
>
> 人初始精力旺盛，后来却形容憔悴；人初始受人赞美，后来却被人责骂；人初始心中悲伤，后来却十分喜悦；人初始布施于人，后来却乞求于人。
>
> 人性吝啬，既不舍弃自己的财物，又不正当享用这些财物，因此失去的欢娱正刺痛其心灵。犹如贪婪者不断将其所有谷物堆存于谷仓，而在饥馑时却全被焚为灰烬。
>
> 噫，穷人之生活啊！噫，那些不知享用或分配财富的富人的生活啊！

面对命运变幻，这几首散文诗的作者思考着人生的真谛，对祸福相生有了辩证的感悟。对悭吝人和贪婪者进行着讥讽。面对社会贫富不均、人生命运无常，作者有着一点苍白无力的慨叹。

精绝人的审美意识、艺术追求，通过零星的文物碎片可稍得触及。早期陶器彩绘树叶形图案，而汉晋时期的木雕是完全不在意图案的对称、均衡，似乎完全没有意识到对称在艺术布局中的重要作用，这是当时木雕艺术的一大特点。在木"坐斗"这类木雕装饰中，即使对称地布置花卉，却又有意忽略图案细部的一致。在木门、门框、木椅，尤其是椅腿部分，利用浮雕、圆雕手法雕琢的花纹图案，留给人们比较深刻的印象：半人半兽的木椅腿，上部为狮头，下部是兽腿，底端作蹄形，造型怪异，发人遐想。又一件圆雕木椅腿，上部为人身、大腹、附鸟羽，底端作马蹄形。木座椅、窗雕、门饰，多有装饰性浮雕花纹，主体为象、山羊、翼兽。花瓶中铺展下垂的花叶、果实，四瓣花纹等，再用珠带、麦穗、绞丝纹、菱格纹作为边饰，满铺满饰，几乎不留任何空间，虽引人注目，却少见艺术的灵气。这类艺术图案风格明显受着犍陀罗艺术风格的影响，与贵霜文化及佛教之进入存在比较密切的关系。

西域大地，人民能歌善舞。在N4出土过一件弦乐器的残部，直颈、侧边只存轸孔四个，轸三根；正面有四根弦槽；下部共鸣音箱已失，存留残迹显示它略呈圆形。这种弦乐器，让人联想到中原大地的"直颈琵琶"，与目前新疆维吾尔族中流行的热瓦甫，形象也约略相似。

精绝古冢觅史迹

走完坎坷人生后，地穴成了人们最后的归宿。所谓"事死如生"，留下的亲人总是尽可能满足逝者的愿望，也借此寄托生者的哀

○ N4出土的弦乐器残部　　　○ 尼雅出土的人首兽身木椅腿

思。如是，就在墓冢埋下了能够调度的物资及物化了的精神，表现出可以清楚捕捉、十分具体的生活情景。

这里介绍的四处古冢，代表着不同时代，或同一时代里不同的人群。

在精绝 3 号（N3）豪宅以南约 300 米处，是一块地势稍高的台地。1993 年，尼雅考察已近尾声，我与新疆博物馆馆长、维吾尔族的沙比提同志踯躅在这片台地上，突然发现脚下出露着人骨、陶罐的痕迹。调集力量稍事清理，发现这是一片比较古老的墓地。因为水的浸泡加上长期厉风侵蚀，大部分墓穴已痕迹不显，骨架散乱。个别保存较好的人骨，仰身直肢安卧在长方形墓穴之中。随身的衣服、易朽的有机质物品，已在一次又一次的水淹、风吹中痕迹无存。保留至今的主要只是陶器、残损铁器、稀见的金饰。手制的陶器烧

○ N3 东南，淤土覆盖下的古墓地露出一组陶器

制火候并不高，侈口带流、单把手，形若水葫芦的造型，与稍后的墓葬、遗址中的陶器，判然有别。加上黑色、灰色陶器外表，用红彩绘饰着的树枝花叶纹图形，给我们留下深刻印象。陶器烧造工艺及造型、纹饰告诉我们：墓地主人生活的年代，可能早到西汉早期或西汉稍前，他们是这片绿洲的早期主人。清理这片墓地，主要探求的不仅是墓内的物质遗存，及相关遗存背后的精绝早期社会情景；更是墓地上层层叠叠、痕迹明显的淤泥。这一珍贵的迹象，揭示了精绝故址存在过的另一页沧桑。细细观察，保存比较好的墓地上部的淤土竟有16层之多，厚达20厘米。细想，一次洪水留下1层淤泥，这16层淤泥，至少显示着16次河水泛滥。当年墓主人在选择这片墓地时，地势高而干，才是入选为墓地的条件，但经过几代人以后，这里却成了尼雅河水淹覆的地点。在精绝绿洲，这大水洪流的年月，实在是值得进一步探求的奥秘。它的绝对年代，蕴含在孢粉中的气候、温度资料，通过实验室分析，是不难取得结论的。遗憾的是，在我退休离开新疆考古研究所后，这一工作仍未完成。

在佛塔西北3公里处，是一处东汉时期的重要墓园。斯坦因曾经在这里进行过发掘。1959年新疆博物馆发掘的东汉夫妇合葬墓，也在这片墓地之中。墓地紧傍尼雅河谷，展布在西岸沙丘之中。散架后的箱式木棺板材、掏空胡杨树干而成的船形木棺、杂乱的人骨，在积沙散尽后，又复烈日暴晒、厉风吹蚀，已变成一片惨白。铜镜片、木盆盘、琥珀珠、漆器片、小陶罐，衣物破碎后的毛布、丝绸、毡块……暴露在地表。这狼藉的景象，除大自然力量无情的摧残外，可能还有着盗墓者们罪恶之手的作用。

在这片严重破坏的墓地中，我们在积沙内清理了5具胡杨木棺。这类木棺是用一棵直径80厘米左右的胡杨树干掏成的。胡杨材质致密，挖出容人的空间并不易。精绝人的办法是稍稍砍削一侧，成为平面，再根据入葬者的身高、体形，在适当部位用火烧烤。烧烤后的胡杨自然再也不是小铁砍的对手。所以，木棺可以很快成形。直径80厘米的胡杨，得有百年以上的树龄，它对可能还是精绝人借以安身立命的绿洲环境的破坏，可见一斑。

发掘资料告诉我们，使用这类胡杨木棺的主人，社会身份比较一般。生前既没有掌握很多的财富，死后也难有高级物品入殉。我们清理了一名已化为干尸的中年男子的地下居室。他穿着平日稍好的衣物：丝衣、毛布裤、牛皮鞋，头下为凝集着中原文明的鸡鸣枕。保存相当完好的干尸体毛丰富，头发褐黄。另一具木棺中，入葬着两具相互叠压在一起的男性，也都只有穿戴在身的毡帽、毛布衣裤。这三个精绝男子，共同点是除随身衣裤外，别无他物，再没有带任何其他一点物品就步入了黄泉。两名男子十分紧迫地挤塞在一段并不特别宽的胡杨木棺中，多少让人感到在安排死者远行时不太正常的困窘。

在遗址布局奇特的N2之南300米之遥，在几丛低矮的红柳沙丘上，暴露出的是又一类型的葬穴。为了在沙地上构成稍稍整齐的长方形竖穴，人们用小木桩插列在沙穴四角两端，用红柳枝搓扭成的绳索连缀于木桩之间，使流沙不致下泻。死者安置在沙底，身上覆盖一个红柳编筐，或一块胡杨木板，除了随身的毛布衣服、尖顶毡帽外，别无长物。这些葬穴，大概比较准确地展示着当年精绝大地上普通劳动者的命运。

与这些平民墓穴形成鲜明对照的是，1995年发掘的尼雅1号墓地——精绝王陵。

墓地是在我们考察汉精绝王廷的N14遗址的途中偶然发现的。它位于一处特别高大的沙丘下，在100平方米的探方中，经过清沙，共发现了墓葬8座。3座矩形箱式木棺M3、M8、M4，自东向西一线排列。5座船形木棺环伺在周围。这一布局及棺木规模形制的差异，表明了墓主人的身份有高下之别。

M3规模最大，是一座长方形竖穴沙室，有矩形箱式木棺，棺上盖毯、覆草、压沙。木棺外围为矩形木框架，框木内外插小木柱，

○ 1995年10月12日上午，作者一行捕捉到了精绝王陵之所在

○ 3号墓木棺棺盖揭开后情景

形如棺木的外椁。木椁与沙穴间，棺椁之间大量填塞着麦草、苇草、红柳枝。木棺长230厘米，宽、高均为90—92厘米。如果按东汉1尺约23.5厘米计算，则棺长10尺，高、宽均4尺，可以推见它是按汉代量尺而设计的棺木。在精绝王国内，汉王朝的度量衡制，曾作为计量标准之一而施行。

揭开棺盖，由于封合严密，棺内基本无沙。合葬男女两人，齐头并卧，男尸左臂稍压在女尸右臂上，均已成干尸。身上覆盖单层锦被，以全新织锦双幅缝拼，藏蓝色地上满铺舞人、茱萸纹，其间穿插"王侯合昏（婚）千秋万岁宜子孙"吉祥语，色彩依然鲜艳，情调庄重和谐。

男女主人脚下、身旁，满是陶罐、木盆、弓、箭、箭箙、弓衣。

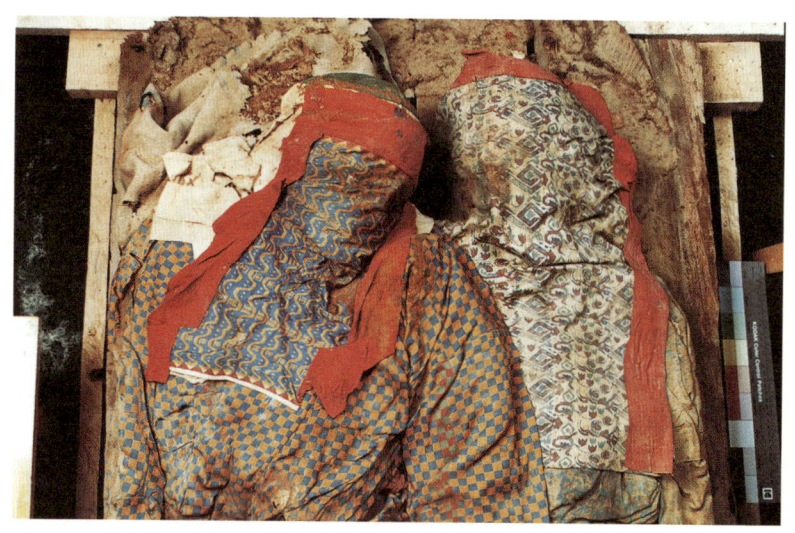

○ 穿绸着锦、覆面衣的精绝王夫妇已化为干尸

以木杈做成的衣架上，挂着男主人的毡帽、锦上衣、腰带、弓鞘；女主人衣架上挂丝质长裙。两具衣架，分置于男女主人身边。男女有别，使用不乱。女主人头侧置漆质梳妆盒，盒内铜镜、梳、篦、香囊齐备，铁针、线轴、彩锦、绸布小卷等女红用物，也同置其中。

男女主人公头下垫锦枕，身穿右衽锦袍锦裤。男子头戴锦绢风帽，女子裹以锦质组带，面部盖锦质面衣。男主人脚穿特别精致的丝线钩花皮底鞋，女主人着红呢绣花锦腰靴，颈饰红色珠链（以棉花芯与红绸捆扎成62颗圆珠形），耳挂4串珍珠配以金箔片的耳环，腕部饰金质珠饰，腰际佩挂丝手绢及以锦、绢制成的吊鱼，满溢珠光宝气，极显墓主人身份地位的高贵不凡。

男女主人随身之物，几乎都是东汉时期流行的锦、绸、绮。在全部出土的31件丝织衣物中，全部用锦或以锦料为主的衣服就有17件，占五成以上。这17件锦衣，使用了不同花色的锦料13种。其中茱萸纹锦、世无极锦、长乐大明光锦、延年益寿长保子孙锦、菱纹锦、广山锦等，在楼兰东部东汉墓中也多有所见。"王侯合昏千秋万岁宜子孙"锦被、男袍面料方格纹锦、女袍面料人物禽兽纹锦、男上衣用"世无极锦宜二亲传子孙"锦则是新的发现。锦是丝织物中的极品，织造费工费时，匹值万钱，其价如金。3号木棺中的男女主人，能占有、使用如此多的锦料，其身份绝非一般。其中"王侯合昏千秋万岁宜子孙"锦被，由于其特定的文字内涵，肯定是两汉王朝与边裔少数民族王国统治者和亲时的一种专用织物；而它出现在精绝王国墓中，自然表明当年汉王朝曾与精绝有过和亲，安卧在这

○ 男主人钩花皮底鞋

○ 女主人锦质手套

○ 精绝王妃身着人物禽兽纹锦袍图案

○ 5号墓出土的晕绸纹缂毛靴。出土时仍完好穿着于精绝王室女性成员足上（编号为
 95MNM5: 19）。靴面主体是缂织花卉，白地红叶蓝花，左右为紫、红、白、蓝色
 晕绸，彩色浓淡，渐次变化，自然、和谐、美好。如是工艺，是古代欧亚草原游
 牧民族的发明。毛纤维短，又有表现花纹的强烈需要，用小型梭，取通经渐纬之
 工艺遂应需而生。社会需求是最强大的创造力量，在新疆大地上的青铜时代遗址
 中，相关工艺标本已多有所见。着靴之5号墓女主人，与3号墓所见精绝王妃通体
 以丝绸锦绣织物为主，形成鲜明对比，生动展示了汉晋时期精绝大地上东西文明
 交光互映，丝绸之路新风流畅，竞相芬芳的美好景象

一墓穴中的男女主人，应该就是当年一次和亲中的男女主角。

两人同卧一棺，难以想象他们会同时死亡。男主人耳后斜至颈下的刀痕，女主人面部充血、颈骨离位的迹象，使人联想年近50岁的男主人，作为武士，可能丧命在一次冲突中。而女主人，不论是被动还是自愿，则死于颈部受到的外力束缚。盛装的女主人，先进入木棺之中，她的右臂被压在了后进入的丈夫左臂之下。这一最后的悲剧场面，表现了历史的真实。

随身的服饰，表现着平日的衣着。尤其是挂在衣架上的男式上衣，因长期穿着，深积油污、泥土，袖、肘部分磨损，色彩暗淡，它是墓主人平日常穿之衣。

○ 女主人使用的铜镜

　　与衣饰一道，是陈放在主人脚下的陶罐、木盆、木碗。陶罐中可见粟米粥的渍痕，积存在罐底的粟米干嘎巴，木盆内为粟米饭粒，其上为脱了水的羔羊腿、羊肋条，肉块上斜插小铁刀。木碗内则主要是葡萄、梨、沙枣等水果。贵为精绝王，他享受的居于最高水平的食品，看来也就大致如此了。

　　男子都是武士。即使贵为王侯，弓、箭、短剑、匕首都是不可须臾离身的兵器。纳置短剑的髹漆木胎皮面剑鞘，通长26厘米。表面髹朱红色漆，压绘卷云、如意纹。可能因为短剑十分珍贵，还有较高的使用价值，因而并未纳于剑鞘之中。

　　与3号墓紧邻，是编号为M8的第8号墓，处M3西侧，彼此基本并列。清理后，两具棺木相距只有9厘米。只是M8沙穴较M3深45厘米，似乎M3压在了M8的上面。这是考古学上的一个重要文化现象，因为压在上面的东西，肯定要比埋在下面的物品，相对较晚。

　　考古队中许多人，都注意到M8木棺位置在M3木椁边栏之下，判定M8入土较M3为早。不少文章、报告一直在反复说明这一地层现象。我在发掘墓地时，脑中也闪过这一思想。但细细推敲，却发现这实际是一组说明相反结论的沙漠地层现象：沙漠与黄土地带不同，黄土地带墓穴边缘稳定，沙中挖穴却并非如此。先挖掘一穴，再在其旁挖另一较深的沙穴，则前穴沙土会随之大量流泻，前穴棺椁则向后挖深穴处下倾。3号墓西边椁木及本应直立的小木柱无一例外地向8号墓穴位置倾斜，实际就揭示了这一现象，说明3号墓棺入沙穴在前，8号墓棺穴开挖在后。如果没有3号墓棺外侧大量麦草、

○ 3号墓棺木出
土情景

　苇草、红柳枝比较稳定的支撑，可以肯定这3号墓棺木本身都会倾向8号墓棺木一侧。沙漠考古有其自身的地层特点，在沙漠中工作，切忌忘了沙漠环境，简单将沙穴与土穴等同，就难免会得出错误推论。

　　8号墓主人的随葬物品虽与3号墓大体相同，但也显示了不少值得注意的新特点。一是主人用为食具的陶罐上，赫然写着一个"王"字；二是斜挂在男主人身边木权上，有色彩鲜丽的"五星出东方利中国"锦料护臂；三是男主人尸体包袱在毛毯中，不是平展安卧的情状；四是男女主人随身的锦绸数量明显要少于他的父辈，而毛、棉织物数量相应有了增加。

　　"王"字陶罐，与3号墓棺中的"王侯合昏千秋万岁宜子孙"锦被，虽异曲而同工。两者结合，更有力地证明：入葬在这区墓地中的主人，也曾是身居高位的精绝王及王妃。

　　"五星出东方利中国"织锦，过去未见。在宝蓝色质地上显示了五颗星，其下有朱雀、青龙、白虎等瑞兽图像。金、木、水、火、土五星会聚在中原大地，这是多少年才可获一见的天象，向为古代占星家作为一种祥瑞而关注。统治者也利用这一天文现象制造舆论，作为进行征战最好的精神武器。西汉时，一些求功心切的将军、重臣曾利用这一天象，借天子之命对老将赵充国施压，使他陷入进退两难的处境。

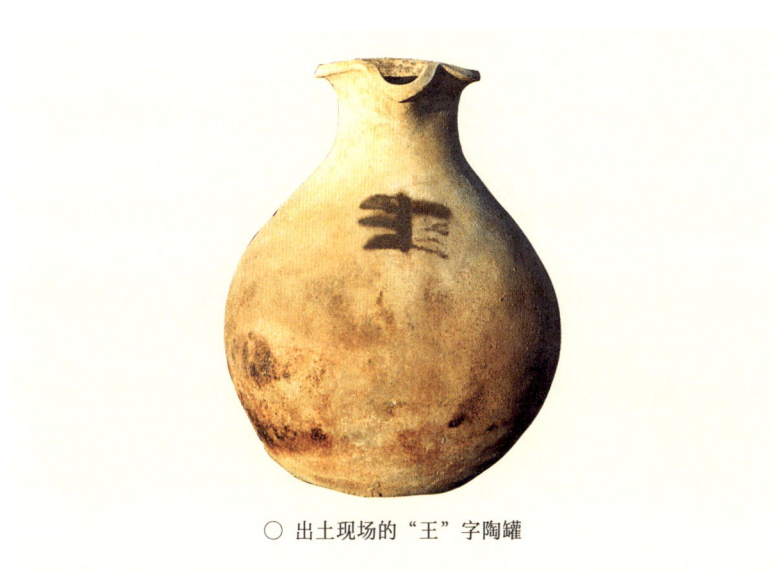

○　出土现场的"王"字陶罐

○ "王侯合昏千秋万岁宜子孙"锦被图案（局部）

○ "五星出东方利中国"锦图案

在关注这批丝织物时，在8号墓众多出土织物碎片中，又找到另一件"讨南羌"锦片，其图案、织物组织均与"五星出东方利中国"锦相同，因而是同一件织物。经过拼合、复原，得到完整的文字，为"五星出东方利中国讨南羌"。自然，这也是出自汉王朝官家手工作坊的织品，是受命于朝廷，在一次五星聚于黄河下游洛阳大地上空之后设计织造，并直接为一次征讨南羌的战事服务。两汉之世，西部地区的南羌、北胡，向为中原王朝统治者的心腹大患，是汉王朝通西域的主要威胁。东汉中后期与南羌的矛盾冲突，更屡见于史书。这件织物可以作为这一特定历史时期的见证。遗憾的是已无法将它与某一特定战役联系起来阐明问题了，而只能在一个方面补充史籍记载的不足：东汉王朝为了取得征讨南羌的胜利，也曾征用过属下西域城邦的军事力量。8号墓木棺中的精绝王子，可能就曾准备率兵参与相关战役，作为显示其光荣的一页，于是将这一特殊的护臂，带入了墓穴之中。

8号墓中，同为精绝王及王妃的男女主人，入葬时遗物的种类，可以说一如其父辈3号墓中的先王夫妇。盖棺之毛毯、花式毛毡、压花弓衣、"五星出东方利中国"锦护臂等等，都是精品。但总体比较，这里出土的随身衣物规格明显较3号墓主人差了一截，最清楚的例证就是随身入土的袍服、衣裤的面料大大减少了锦、绢，而多了棉、毛。这是一个值得注意的现象。

丝来自中原大地，棉织物的来源可能产自本地，也可能得自贵霜。衣服材料的改变是表象，它的背后是这一时段内精绝的政治形

○ 8号墓男尸——蜚声
中外的沙漠王子

势发生了重大的变故：隶属东汉王朝的地位可能发生了变故。联系前面说到的"王"字陶罐，这笔画浓淡不均的"王"字，书写在一个口沿残破了的陶罐上，使人不能不生另一方面的感想，它的主人曾经为"王"而已不能继续为"王"，入墓的残口陶罐，写上"王"字，更像一种呼喊，一种希望不被忘却、不被忽视的努力。这个"王"字，以及无法再大量用锦的事实，使人猜测，在8号墓中的男主人，很可能就是东汉时失国的末代精绝王。他失国后悲凉、凄婉的心境，正寄托在了这一个"王"字之中。

8号墓西边的4号箱式木棺，规制虽一仍其父、祖，但一棺之中入葬了4人。主人穿着在身的都是毛布长袍、衣、裤、连衣裙，面衣也是毛织物。唯一用锦绸的，只见于女主人毛布长袍胸、背部的小块狩猎纹锦片装饰。裹头的棉布方巾上有一条红绸带。而随葬的食具中，不见了羔羊肉、水果。男主人随身有弓箭、钻木取火用器、铁镰；女主人头侧放着一只大公鸡、纺轮，一件仅存镜纽、镜缘而没有了镜体的破铜镜。主人的身份，已少见王族的气派，类同于普通的平民了。

4号墓得以入葬这一陵园之中，且用着规格较高的汉式木棺，因为他们曾是8号墓的子嗣，有贵胄的血统，但实际又已从王族跌落到了民间。随身衣物，已再难有祖辈父辈昔日的光彩。

祖孙三代的木棺，显示着在东汉后期精绝王国遭遇的失国之痛，及王族从天上跌落人间的实际过程。这虽还只是一种逻辑推论，却可以得到考古现场、出土文物的支持。如果将这几个男主人进行遗传基因（DNA）的分析，当有可能从血缘上得到直接的证明。

○ 棺盖上的压花毯是精绝人的手工作品

围绕在这3座箱式木棺墓周围的5座胡杨木棺，是精绝王国传统的型式，也都保存完好，其中有持弓执剑的青壮年武士，多辫的盛装年轻女子。1号墓武士的弓体上，还裹着一小块绸条，上面有佉卢文字。他们的随身衣物也不乏锦绸，制作精巧的晕纹毛靴、毛毯，这些也都是难得一见的珍品。同处王室陵园，三座汉式木棺与传统的胡杨木棺同存共见。在西汉王朝全力推进的"安揖"政策下，精绝城邦内曾汉文化与精绝传统文化共存、具显。这难得一见的场景，是值得关注、可深入一步剖析、思考的现象。

精绝绿洲沦为沙漠

曾凝聚过人们无尽美好感情的绿洲，演化成了难见生命迹象的沙漠，桑田确实变成了沙海。这一变化的过程和原因，是所有面对尼雅废墟的人们不能不严肃思考的一个问题。

不少学者，尤其是研究地理学的友人，往往十分明确地推论：绿洲化为沙漠，根本的原因就是水。河流改道，水量减少，不能维持有效的人工灌溉，等等，都可能使绿洲萎缩，使既有文明衰亡。这是塔克拉玛干沙漠南缘不少古代绿洲城镇废毁过程中的共性。汉晋时期的精绝，逃不出这一自然规律的束缚，覆没在沙漠，势属必然。

这样说，大前提当然一点不错，遗址地区无水也是今天清楚可见的事实，然而结合遗址区内许多细节，进行更具体、细微的思考，却发现实际进程可能远比这一简单明确的结论复杂，不少问题需要进一步研究。

我们可以毫不费力地观察到，今天尼雅河水已经流不到精绝故址，但遗址毁灭当年，作为精绝人生存活动的生态环境确实并不是那样糟糕。一区区废弃住宅周围，都有巨树环绕，树干粗大至一人不能合抱，庭园中林木整齐，桑树排列有序，不少为数十、上百年之巨桑。住处附近的涝坝，有静水存储，故淤泥厚积。这样的居住环境，较之差不多同一阶段废弃的克里雅河流域的喀拉墩遗址，要良好得多。在喀拉墩遗址，很难觅见较大树木，往往只见很小的幼树，而克里雅河水系流量大，流程长，水文情况较之尼雅河要优越。只是当年喀拉墩遗址的主人对居住环境的保护，植被的维护，较尼雅要差很多。相对而言，尼雅作为一个较为古老的绿洲，在生态环境维护方面比较有经验，人类生存环境相对较好。我们难以从目前遗址现状得出是因为尼雅河断水，因而导致遗址覆灭的结论。

在尼雅考古中，我们曾不止一次在多处房舍中，发现过贮积的粟粒。厚积的粮食，已经腐朽。人们弃旧居，觅新址，什么都可以丢弃，唯有一年才可以收获一次、一日三餐不可缺的粮食，是绝不能丢弃不要的。粮食都可以丢弃，只能说明主人面对的是突然的灾变，只能匆匆逃避；因为粮食虽十分重要，但随行负载相当累赘，会影响行动自由，只能随身带一点；大量粮食只好暂且存放在旧居，留待来日再作处理。这与河水渐渐减少、绿洲日趋萎缩的渐进式过程并不相符。

○ 遗址中可见到堆积的谷物

　　斯坦因1901年初涉尼雅，实际是精绝废弃1600年后进入故址现场的第一人。他最有可能观察到精绝废弃过程中的细节。在他多次入尼雅，清理发掘过多处废屋后，一个强烈的印象是"遗址古代居室中凡有价值以及尚可适用的东西，如不是被最后的居人，便是他们离去不久被人搜检一空"，"在这小庞贝古城中"，最后的居民"没有遗下有实在价值的东西"。在一处房屋内，他"所得的长方形文书足足有三打之多，绳都缚得很好，没有打开，封泥也仍存在封套上……这些都是合同以及契约，照原来的封印保存不动，使需要时文书的确实可靠得以成立"。斯坦因注意到，一些文书埋放在高起的土堆下，"土堆的用意是在仔细收藏这些遗物，同时以此为记号，表示物主因为意外放弃此地，然而仍然怀着回来的希望"。种种痕迹表明，人们当年不得不离此他走时，这片地区并不是河道无水，已成为人们不可能再进入的死亡之地。

斯坦因关注的佉卢文现象，我们在尼雅工作中有同样的体验。在N37，封存完好的矩形木牍置于门边、炕沿；9件佉卢文文书，存放于陶罐之中，埋于居室旁的沙土之中。这些文书，是故意保存而未开封，还是时间紧迫而来不及开启处理，在文书内容破译前，还不能说得比较具体、准确。但主人希望可以重新取得这批对自己有重大关系的文书，因而存于陶罐、埋于沙土，却是确定无疑的。离开故土前，对重要物品如此处置，一点也不能得出来水减少、人们必须觅址他迁的结论。我们的印象是人们在异己力量突然到来前的恐惧，是无法把握明天的命运，只能先简单处置，留待下一步再说的慌乱。

在已经破译的700多件佉卢文文书中，当年精绝人最忧心的事情是有端倪可寻的。这些文书表明，当年的精绝统治者惶惶然不可终日的是来自东南方的苏毗人的攻击："有来自苏毗人之危险，汝不得疏忽，其他边防哨兵，应迅速派遣来此"，"现此处听说，苏毗人在四月间突然向且末袭来"，"现有人带来关于苏毗人进攻之重要消息"，"苏毗从侯处将马携走"，"苏毗曾抢走彼之名菩达色罗之奴隶一名"，"余已由此派出探子一名，前去警戒苏毗人"，"现来自且末之消息说，有来自苏毗之危险，命令信现已到达，兵士必须开赴，不管有多少军队……"这些都可以看得很清楚，在精绝王国绿洲废弃前，苏毗人入侵是笼罩在他们头上的浓重阴云。与此同时，也是据佉卢文资料，除苏毗人外，于阗王国也是一种威胁，精绝人也不时地面对他们的侵扰、抢夺。

在沙漠拥抱中的小小绿洲，生态脆弱。它承受不了虽缓慢却持续不断的生态破坏，植被减少，沙土入侵；尤其是它不能经受社会动乱的打击。一旦发生动乱，社会稳定遭破坏，全社会有组织地与大自然相抗衡的力量被极度削弱，水利设施、人工灌溉系统废圮，

○ 至今仍屹立不倒的胡杨

与绿洲生命攸关的植被受到破坏，在沙漠深处正常状况下可以维持生存发展的绿洲，会立即面临死亡的威胁。

从长远的历史进程分析，人类肯定深受环境、自然条件（水、土等等）的制约，必须适应环境的要求，才有人类自身存在发展的基础。这是人类在长期实践中，早已认识到的朴素真理，因此有对树木特别的保护，对水倍加珍视，对沙尘入侵也是层层设防。但物质利益的诱惑、驱动，总又使得他们只能向自身存在的环境去索取。于是，明知不可，也会砍树伐木，开垦更多的地，想方设法明争暗取，以便占用更多的水，一步步，虽缓慢却又持续地向自然的承载能力挑战。这是一般的过程。而一旦脱出正常轨迹出现剧烈的、不以个人意志为转移的动乱、冲突，甚至战争，则带给脆弱绿洲的灾难性后果，就是任何人也无法估量的了。

精绝绿洲毁灭，种种迹象显示，蒙受的最致命的一击，就在于它遭遇到了一场无力抗拒的社会性灾难。至于这场灾难究竟是来自阿尔金山中的苏毗人，还是来自敌手于阗，或者内部突发的社会变乱，我们今天已无法说得十分清楚具体。但发生过这么一次社会灾难，并将精绝绿洲推向了死亡，却是可以得出结论的。在灾难降临前，精绝人有过一个十分短暂的时间，使他们可能收拾有限的财产，带上细软，避乱于遗址南部胡杨林中的"空城"，但这次"空城"没有带来他们期望的安全，"空城"之南门被大火焚毁。破城而入的敌手，也没有再给他们提供渴求的自由。精绝子民们在这场灾难过后，并没有重新回到故土。是战争中不可避免的死亡，还是其他什么原因，我们今天无法确定。可以肯定的只有一点：此后，精绝大地真是逐渐没有了水，田畦干裂，果园荒芜，树木枯萎，屋宇在年年不断的季风中倾倒、塌毁，一切存留着的还有使用价值的物品，慢慢也被后来者取走。噩梦成真，桑园绿洲沦没为沙漠。

判定精绝毁灭于社会矛盾，还有一个相当有力的旁证。与它同时，在塔克拉玛干沙漠南缘，有一批绿洲如克里雅河的喀拉墩古城、安迪尔河下游的安迪尔古城、车尔臣河支流塔提让北部的且末古城等，差不多都在公元4世纪前后，在突然的变乱中走向了毁灭。20世纪50年代末，沙漠学者朱震达曾进入塔提让北部沙漠的且末古城中，见过不少散落在地表的佉卢文简牍。安迪尔古城这一时段废弃后，因为安迪尔河水还可以灌溉到这片地区，所以唐代又曾经复活过。但精绝却没有得到这么一份机遇，而只能永远沦为死寂。精绝废弃了，原在它属下的尼壤，却慢慢成长发展，成了于阗东境关防的所在地。玄奘东归曾有幸见过它的面貌。历史，就这样翻到了新的一页。